关于红外与拉曼光谱无损检测技术的食用农产品品质检测研究

由昭红 著

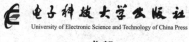

电子科技大学出版社

University of Electronic Science and Technology of China Press

·成都·

图书在版编目（CIP）数据

关于红外与拉曼光谱无损检测技术的食用农产品品质
检测研究 / 由昭红著. — 成都：电子科技大学出版社，
2020.11
　ISBN 978-7-5647-8478-2

　Ⅰ.①关… Ⅱ.①由… Ⅲ.①农产品－品质－无损检
测－研究 Ⅳ.①S37

中国版本图书馆CIP数据核字(2020)第227116号

关于红外与拉曼光谱无损检测技术的食用农产品品质检测研究
由昭红　著

策划编辑　　杜　倩　李述娜
责任编辑　　李述娜

出版发行　　电子科技大学出版社
　　　　　　成都市一环路东一段159号电子信息产业大厦九楼　邮编　610051
主　　页　　www.uestcp.com.cn
服务电话　　028-83203399
邮购电话　　028-83201495

印　　刷　　石家庄汇展印刷有限公司
成品尺寸　　170mm×240mm
印　　张　　15
字　　数　　288千字
版　　次　　2020年11月第1版
印　　次　　2020年11月第1次印刷
书　　号　　ISBN 978-7-5647-8478-2
定　　价　　78.00元

前言
preface

　　不断完善的红外光谱分析技术，为食用农产品品质、食用农产品安全提供了全新的技术和手段，将会在食品领域大放异彩。

　　在食用农产品检测领域，传统的化学检测方法具有样品需要前期处理、操作过程复杂以及破坏样品等诸多缺陷。而红外光谱和拉曼光谱检测仪器具有分析速度快、能够进行在线检测、对样品无破坏、对环境无污染等特点。近红外光是红外光中不可或缺的部分，具有频率高、波长短的特点，其能量较高，可以更好地检测食品的内部情况。因此，近红外光谱分析技术在食用农产品常规检测、在线检测、生产质量控制等方面具有无可比拟的优势。

　　由于食用农产品本身成分的复杂性，随着产地、采收时间等出现差异，以及某些建模人员使用较少数量样品进行建模等，这些都给近红外光谱和拉曼光谱技术预测的准确性带来一定影响。因此进一步优化化学计量学方法，创新更有效的建模算法和建模理论，是当前近红外光谱技术和拉曼光谱研究的热点问题。随着食用农产品品质和安全分析的各种标准方法的出现，近红外光谱仪器和数据处理方法的发展，近红外光谱和拉曼光谱检测技术在食品检测领域必将大有作为。

　　本书是一本研究红外与拉曼无损检测技术对食用农产品品质进行检测的学术专著。红外光谱检测仪可以用于食品安全检测、质量检测，但是近红外光的能量较高，因此近红外光谱分析食用农产品品质和安全的效果最佳。本书以红外光谱检测技术为基础，重点介绍了近红外光谱在食品安全中的应用，由绪论，近红外光谱分析技术，拉曼光谱检测技术，基于近红外光谱的食品、食品品质及安全检测方法研究，基于拉曼光谱技术的食品、食品品质及安全检测方法研究，近红外-拉曼光谱技术展望等部分组成。全书以检测农产品品质为研究对象，分析农产品品质与安全快速检测的方法，阐述近红外与拉曼无损检测技术的基本原理，及检测技术在食用农产品品质领域的应用和安全系数，展望了近红外光谱与拉曼检测技术的研究方向和应用前景。

本书对食用农产品品质检测的研发、近红外与拉曼无损检测技术的研究者和从业人员有学习和参考价值。由于编者水平经验不足，不足和疏漏之处在所难免，敬请读者予以指正。

著者

2020 年 6 月

目录
contents

第 1 章 绪 论

1.1 近红外光谱检测理论基础

1.1.1 近红外光谱技术的发展历程

近红外光（Near Infra-Red，简称 NIR），是波段介于可见光和中红外光之间的电磁波，包含了待测物质中含氢基团（C—H、O—H、N—H 和 S—H 等）的相关信息，常用于含有大量有机物的物质性质、含量和结构的检测和鉴别，是最早发现的非可见光区域，距今已有 200 余年历史。20 世纪初，人们通过摄谱的方法首次获得了有机化合物的近红外光谱，并对有关基团的光谱特征进行了化学解释，预示着近红外光谱有可能作为分析技术的一种手段得到应用。由于缺乏仪器基础，20 世纪 50 年代以前，近红外光谱的研究仅限于为数不多的几个实验室中进行，并没有得到实际应用。20 世纪 50 年代后期，随着简易近红外光谱仪的出现以及 Norris 等科研工作者在近红外光谱漫反射技术上做的大量创新性的研究工作，世界范围内掀起了近红外光谱应用的一个小高潮，近红外光谱在测定农副产品（如谷物、饲料、水果、蔬菜、肉和奶）的品质等方面得到了广泛应用。这些应用都基于传统的光谱测量定量方法，当样品的背景、颗粒度、基体等发生变化时，测量的结果也会产生较大的误差，不利于模型的稳健。20 世纪 60 年代后期，随着红外光谱技术的发展及其在物质结构测定中所起到的巨大作用，人们慢慢对近红外光谱失去了研究兴趣。20 世纪 80 年代初期，近红外光谱技术仅能应用于农副产品领域，而在其他领域几乎未得到应用，以至于被戏称为光谱技术中的"沉睡者"。

20 世纪 80 年代后期，近红外光谱技术才真正为大家所认可，这主要是由于化学计量学方法的应用，再加上科研工作者对中红外光谱技术的积累，使得近红外光谱技术得到了迅速发展，逐渐成为一门独立的分析技术，有关近红外光谱的研究及应用文献呈爆发式增长。

在 1983 年以后，近红外光谱仪器生产商每年都会召开一次国际会议，会议的内容更侧重于生产仪器的改进和应用方面。1988 年，国际近红外光谱协会（CNIRS）成立，该协会北美分会对 1905—1990 年有关近红外光谱的文献进行了全面汇编。关于近红外光谱研究及应用的国际会议，至今已经举办了17 届，每届会议都有相应的论文集出版，刊登了大量有关近红外光谱仪器、化学计量学方法、新技术发展和各种新应用的文献。《Journal of Near Infrared Spectroscopy》和《NIR News》是在 20 世纪 90 年代创刊的两份专业杂志，在其他涉及分析化学和光谱分析的杂志上，如《Applied Spectroscopy》和《Analytical Chemistry》上也出版了很多有关近红外光谱基础研究和应用的文献。

中国对近红外光谱技术的研究及应用起步较晚，但在 1994 年以来受到了多方面的关注，并在仪器研制、软件研究、基础研究和应用等方面取得了可喜的成果，尤其在食品、饲料、药物、石油化工等领域的应用积累了很多实践经验。与传统的化学分析方法有所不同，近红外光谱分析方法综合应用化学计量学方法和计算机技术，并通过建立校正模型实现对未知样本的定性或定量分析。近红外光谱技术包含了测量技术、计算机技术和化学计量学技术等。其中化学计量学是数学、统计学与化学的综合应用，其对于实现快速有效的近红外光谱检测至关重要。它主要包括以下几个部分：光谱数据的预处理和特征选择、定量校正分析、模式识别方法和模型传递。在待测样品光谱分析的试验中选取适当的化学计量学方法，可以有效地提取和学习与样品性质有关的特征，以提高模型预测准确度和泛化能力。

1.1.2　近红外光谱基本原理

近红外光谱技术是一种新兴的分析手段。近十年来，随着仪器硬件技术的不断完善和发展，以及化学计量学软件的不断创新，使得近红外光谱应用越来越广泛，已扩展到多个研究领域。近红外光谱技术与数据统计方法是互相联系的，该方法被称为"黑匣子"技术。

1. 近红外光谱原理

当红外单色光或复合光照射样品时，如果被照射样品的分子选择性地吸收辐射光中某些频率波段的光，则产生吸收光谱。分子吸收了光子能量后则会改变自身的振动能态。通常，分子基频振动产生的吸收谱带位于中红外区域（$400 \sim 4000cm^{-1}$）与中红外区相邻区域（（$4000 \sim 12\,500cm^{-1}$），被称为近红外光谱区域。该区域习惯上又分为短波近红外区（$700 \sim 1100nm$）和长波近红外区域（$1100 \sim 2500nm$）。在该区域内的吸收谱带对应于分子基频振动的倍频和组合频。分子吸收红外能量后会引起分子中各种化学键的振动，这些化学键的振动方式类似于双原子振子。

2. 双原子分子

（1）谐振子

按照经典力学，由两个质量分别为m_1和m_2的原子组成的双原子分子，可以模拟为由弹簧连在一起的两个小球组成的弹簧振子。假定该振子振动完全服从虎克定律，称为简谐振动，那么振子称为谐振子。谐振子势能为相对于平衡位置位移的函数。谐振子势能函数v中只含有一个二次项：

$$v = 0.5kx^2 \tag{1-1}$$

式中，k为键力常数，取决于两个原子间能量的大小；r为两原子核间距；x为位移坐标。势能曲线一般呈抛物线形状。

假定一个双原子分子振动为简谐振动，根据经典力学，其振动频率v为：

$$v = \frac{1}{2\pi}\sqrt{\frac{k}{\mu}} \tag{1-2}$$

式中，μ为折合分子质量，$\mu = m_1 m_2 / (m_1 + m_2)$；$m_1$和$m_2$分别为两个原子的质量。根据量子力学，分子振动能（$E$）只能取一些离线整数值，称为振动能级：

$$E = hv(n + 0.5) \tag{1-3}$$

式中，h为普朗克常数；v为振动频率；n为振动量子数，其取值只能为整数值0，1，2…用波数H表示能级，则式1-3可以写作为式1-4：

$$H = E / hc = \bar{v}(n + 0.5) \tag{1-4}$$

式中，c 为光速；$\bar{v}$ 为振动跃迁的频率，cm^{-1}。

根据偶极距和适当的波函数，我们可计算不同状态间的跃迁能量。当跃迁能量非零时，跃迁是允许的，即有偶极距变化，才会产生跃迁。因此，只有异核双原子分子才具有振动光谱跃迁。振动偶极矩与入射光的电场进行耦合，在分子和辐射间进行能量交换，产生光的吸收。

根据量子力学，振动量子数变化只能为 1 个单位，即多于 1 个能级间跃迁是禁止的。根据玻耳兹曼分布理论，室温下大多数分子处于基态 $(n=0)$，此时发生跃迁称为基频跃迁，这种跃迁在红外吸收光谱中占主导地位，其谱带出现在中红外区域。其他的跃迁，如允许跃迁 $n=1$ 到 $n=2$，3，是由激发态 $(n \neq 0)$ 开始的跃迁，但处于激发态的分子数相对较少，相应的谱带强度比基频吸收弱很多，通常在强度上相差 1 ~ 3 个数量级。温度增加将会增加激发态的分子数目，也将增加其吸收强度，因此又称为"热谱带"。对于谐振子，热谱带跃迁与基频跃迁具有相同的频率。

（2）非谐振子

实际上，分子并不是理想的谐振子。振动能级能量间隔不是等间距的，热谱带的频率与基频振动的频率并不完全一样。倍频跃迁如 $n=0$ 到 $n=2$，3，4…是被允许的，即分子振动偏离了简谐振动，需要用非谐振子描述这种行为。非谐振子是由以下两种作用产生的：

第一种作用为力学非谐性，即势能表达式（1–1）中存在立方和高次项：

$$v = 0.5kx^2 + k'x^3 + \cdots + k' \ll k \tag{1-5}$$

通过近似或扰动方法求解，导出用波数表示的非谐振子允许状态的能级：

$$H = E/hc = \bar{v}(n+0.5) - x_e\bar{v}(n+0.5)^2 = \bar{v}(n+0.5) - X(n+0.5)^2 \tag{1-6}$$

式中，x_e 为非谐性常数，它是很小的正数，约为 0.01，$X = x_e\bar{v}$。

非谐性势能函数常用经验公式 Morse 函数表示，如式 1–7：

$$V = D_e\left(1 - e^{\beta x}\right)^2 \tag{1-7}$$

式中，β 为常数，D_e 为相对平衡状态（即曲线的最底部）的解离能，用下式表示：

$$D_e = \bar{v}/4x_e \tag{1-8}$$

第二种作用为电学非谐性，即在偶极矩表达式中必须加入平方项和更高次项。对于非谐振子而言，倍频吸收的频率并不恰好是基频频率吸收的2，3…倍。热谱带的频率也小于基态跃迁的频率。

例如，O—H基团的谐振波数（$\bar{v}$）为3735.2cm^{-1}，已知$X = x_e \bar{v} = 82.8$，则其基频为：

$$\bar{v} - 2X = 3735.2 - 2 \times 82.8 = 3569.6 (\text{cm}^{-1})$$

第一倍频的波数为：

$$2\bar{v} - 6X = 2 \times 3735.2 - 6 \times 82.8 = 6973.6 (\text{cm}^{-1})$$

故其第一倍频位于近红外区。

倍频吸收是近红外光谱的核心吸收，而其属性（频率和强度）取决于化学键振动的非谐性。非谐性常数低的化学键，其倍频强度也较低。含氢基团（X—H）的伸缩跃迁非谐性常数较高，故X—H吸收光谱在近红外区占主导地位。羰基伸缩振动的非谐性较小，其高级倍频强度就较低。

3. 多原子分子

由双原子振子模型导出的理论用于建立多原子分子振动光谱理论。首先，含有N个原子的分子将由$3N-6$种振动自由度，对于线性分子而言，振动自由度为$3N-5$种。振动自由度数规定了分子基频振动频率的数目，或不同的振动简正模式数目。分子简正模式规定，分子内所有原子以相同的频率做相同的运动，但振动幅度却不一样。

（1）谐性近似处理

在研究双原子振子时，首先考虑谐振模型在理想情况下的运动情形，假定分子振动为$3N-5$个简谐运动的叠加。以二氧化碳分子为例，分子中存在3种基频振动：对称伸缩振动、弯曲振动和非对称伸缩振动，对该分子振动模型做谐性近似处理。

①多原子分子的能级

由于对多原子分子进行了谐性近似处理，则分子的振动能量可表示为：

$$E(n_1, n_2, n_3) = hv_1(0.5 + n_1) + hv_2(0.5 + n_2) + hv_3(0.5 + n_3) \qquad (1-9)$$

用波数可表示为：

$$H(n_1, n_2, n_3) = E(n_1, n_2, n_3)/hc = \bar{v}_1(0.5 + n_1) + \bar{v}_2(0.5 + n_2) + \bar{v}_3(0.5 + n_3) \quad (1-10)$$

式中，$\bar{v}_1$，$\bar{v}_2$，$\bar{v}_3$为测量的振动频率，单位为cm^{-1}。

当 $n_1 = 0$，$n_2 = 0$，$n_3 = 0$ 处于最低能态时，振动能量为：

$$H(0,0,0) = 0.5\overline{v}_1 + 0.5\overline{v}_2 + 0.5\overline{v}_3 \qquad (1-11)$$

②选律

对于简谐振动，振动量子数变化取值为 $\Delta n_1 = 1$，$\Delta n_2 = 1$，$\Delta n_3 = 1$。在谐振子近似处理中，只有基频是允许发生的，但是在实际处理过程中，红外活性应当与偶极矩的变化互相联系。在谐振子模型中，二氧化碳分子红外光谱应由 3 个吸收光谱吸收带组成，即对称伸缩振动、完全振动和非对称伸缩振动。

（2）非谐性的倍频和组合频影响

与双原子情况类似，如果考虑振动的是非谐性情况，倍频（$\Delta n_i > 1$）和组合频（$\Sigma \Delta n_i \neq 0$）振动可能发生。但吸收强度比基频吸收弱得多，除非原子核有很大的振幅，非谐性一般都很小。$\Delta n_i = 2$ 或 $\Sigma \Delta n_i = 2$ 的倍频和组合频跃迁为二级组合频，其中，由两个量子产生一个振动，或由一个量子产生两个振动。以此类推，$\Delta n_i = 3$ 或 $\Sigma \Delta n_i = 3$ 的跃迁称为三级组合频。由于涉及更高次项的影响，三级组合频比二级组合频信号更加微弱。

基频振动谱带很容易被鉴定，因为它们的吸收强度比倍频和组合频信号强很多。上述跃迁只有在偶极矩发生变化的情况下才会出现。偶极矩发生变化，可用对称与群论进行有效的预测。对称的情况可以限制红外跃迁的数量，在不对称的分子体系中，所有的振动都有红外活性。

在多原子分子体系中，非谐性不仅会出现倍频，而且还会出现组合频。C—H、N—H 和 O—H 的基频吸收出现在 $4000 \sim 2500 \mathrm{cm}^{-1}$ 区间，其倍频和组合频构成了近红外光谱的主要信息部分。

（3）简并振动

在二氧化硫分子中会存在 3 种或更多的对称轴时，相等或简并频率将会产生。在双重简并振动中，两种振动具有相同的振动频率，即 $v_a = v_b$；对三重简并振动，3 种振动频率相同，即 $v_a = v_b = v_c$。对称产生的简并与"意外"产生的简并不一样，后者多是多种简并频率碰巧近似相等。有两种完全振动具有相同的频率，第一振动模式中，原子在分子屏幕中运动，在第二种振动模式中，原子运动与分子平面呈直角，这两种振动构成了一个简并对。

舍弃意外简并的情况，振动能级可表示为：

$$H(n_1, n_2, n_3 \cdots) = \sum \bar{v}_i (n_i + d_i/2) \qquad (1-12)$$

式中，d_i 是振动的简并度（$d_i = 1$ 时非简并）。对应于这些简正模式被激发状态的量子力学能级将会简并。例如，如果由一个量子激发双重简并振动，$v_a = 1$，$v_b = 0$，或 $v_a = 0$，$v_b = 1$，则该能级为双重简并能级。如果两个量子被激发，$v_a = 2$，$v_b = 0$，或 $v_a = 0$，$v_b = 2$，或 $v_a = 1$，$v_b = 1$，则能级为三重简并能级。如果双重简并振动的 n_i 量子被激发，则简并度等于（$n_i + 1$）；对于三重简并振动，简并度等于 0.5（$n_i + 1$）（$n_i + 2$）。

如果考虑非谐性，双重简并振动的能级公式用下式表示：

$$H(n_1, n_2, n_3, \cdots) = \sum \bar{v}_i (n_i + d_i/2) + \sum_i \sum_{k \geq i} x_{ik} (n_i + d_i/2)(n_k + d_k/2)$$
$$+ \sum_i \sum_{k \geq i} g_{ik} l_i l_k \cdots \qquad (1-13)$$

式中，$d_i = 1$ 或 2，取决于是否为非简并振动或双重简并振动，g_{ik} 仅来自与振动角动量 l_i 和 l_k 有关的简并振动，l_i 取值为 n_i，$n_i - 2$，$n_i - 4$，$\cdots$，1 或 0。对于非简并振动，$l_i = 0$ 和 $g_{ik} = 0$。

（4）用对称性和点群描述振动类型

对称性与点群是用于研究分子振动光谱理论的常用方法。应用分子对称性和点群可确定每个对称分子所发生的简正模式数目和每种模式的红外活性。由于内容所限，下面仅对分子对称分析和点群与振动类型描述的基础进行简单介绍。

分子结构常具有某种对称性，通过某些对称操作后，分子能够恢复原状。基本对称操作主要为旋转及反映。对称操作所依赖的集合要素有对称中心、多重旋转轴、对称面和旋转 - 反映轴。一个分子可具有一个或多个对称要素，每个对称要素有 1 个与自身有关的对称操作。由对称要素产生的对称操作集构成的数学群，称为对称点群。为构成一个具有数学意义的群，对分子进行的所有操作，都是该群的元素，但必须满足 4 个条件：①任何 2 个操作的乘积必须是群的另一个操作；②对称操作的组合必须符合乘法率 $(RS)P = R(SP)$；③这个集具有一个恒等操作（称之为 E），对于群中任何元素 X 都有 $EX = XE = X$；④对任何操作 X，都具有一个逆操作 R^{-1}，它也是群的元素，且 $RR^{-1} = R^{-1}R = E$。

任何组合频的对称性取决于其组成的对称性：组合频的对称要素与涉及的

2 种简正振动 v_1 和 v_2 振动对称元素的特征乘积相同。组合频的 $v_1(A_1)+v_3(B_1)$ 的光谱活性可由乘积 $A_1 \times B_1$ 得到。B_1 和 T_2 共享相同的对称性，所以其是具有红外活性的。

对于非简并模式，偶数级倍频属于完整对称的对称系，而奇数级倍频属于与基频振动相同的对称系。对于二氧化硫分子，它属于 C_{2v} 点群体系，$v_3(B_1)$ 倍频振动的对称要素可总结为：

$$B_1^n = A_1 (n为偶数) 或 B_1 (n为奇数)$$

根据对倍频和组合频的分析，近红外光谱可以提供关于禁止基频振动的信息。在 CH_2 基团的 6 种振动中，只有扭曲振动模式是具有红外活性的。

（5）费米和 Darling-Dennison 共振

虽然近红外光谱大部分为简单的倍频和组合频，但还有以下两种共振也会在近红外区域内出现光谱带。

①费米共振

如果两个能级都与同一对称元素有关，且它们的能量接近，就会发生能级的扰动，这种现象称为共振。当倍频或者组合频振动恰好与基频振动具有同一对称要素且频率接近时会发生一种共振，这种能级简并属于偶然简并，称之为费米共振。其特征是产生两个比较强的谱带，而不是一个很强的基频谱带，这两个谱带分别出现在比基频和组合频谱带未受扰动位置的稍高频率处和稍低频率处。比如，二氧化碳分子在 $667cm^{-1}$、$1337cm^{-1}$ 和 $2349cm^{-1}$ 处有 3 种基频振动，其中，$667cm^{-1}$ 是二重简并完全振动频率，其倍频能级 $2 \times 667cm^{-1}$ 非常接近基频 $1337cm^{-1}$ 处，因而产生费米共振，分别在 $1285cm^{-1}$、$1388cm^{-1}$ 处出现两个谱带，使每个的实际能级中都包含了各个成分的贡献。在许多醛的光谱中也存在费米共振，其中醛基 C—H 面内完全振动的倍频和烷基 C—H 伸缩振动的基频都出现在 $2800cm^{-1}$ 附近，两个强度接近的谱带对称分布在倍频谱带预期位置的两侧。

② Darling-Dennison 共振

水与二氧化硫相似，也属于非线性对称分子，表现出 3 种简谐振动：v_1（$3657cm^{-1}$ 非对称伸缩振动）、v_2（$1595cm^{-1}$ 非对称伸缩振动）和 v_3（$3756cm^{-1}$ 非对称伸缩振动）。v_1 和 v_3 两个伸缩振动具有近似的波数，但不具有相同的对称要素（A_1 和 B_1），不能直接通过互相作用产生共振。但与量子数 n_1、n_2、n_3 和（n_1-2）n_2、（n_3+2）有关的能级具有同样的对称要素和接近的能级，可通过互相作用产生共振。因而，在近红外谱曲能够观察到谱带成对出现，如具有量子数（2，0，1）和（0，0，3）的能态分别位于10 613.12cm⁻¹和11 032.36cm⁻¹处，而能态（2，1，1）和（0，1，3）在12 154.22cm⁻¹和12 565.01cm⁻¹处出现。

4. 主要近红外光谱谱带的识别

倍频和组合频构成了近红外光谱的核心部分，近红外光谱谱带的产生和属性（频率和强度）取决于非谐性。非谐性最高的化学键都是那些含有氢原子的化学键。这些化学键在高能处发生振动，伸缩振动具有较大的振幅，因此，具有最强的强度。与XH_n官能团有关的吸收谱带在近红外光谱区中占主导地位。

（1）C—H化学键的近红外光谱吸收

在脂肪族羟中，第一组合频出现在2000～2400nm（5000～4160cm⁻¹）处，谱带较强，第二组合频出现在1300～1400nm（7691～7143cm⁻¹）处，第三组合频出现在1000～1100nm（1000～9090cm⁻¹）处。一级倍频出现在1600～1800nm（6250～5555cm⁻¹）处，二级倍频出现在1100～1200nm（9090～8333cm⁻¹）处，三级倍频出现在900～950nm（11 111～10 526cm⁻¹）处，四级倍频出现在730～760nm（13 698～13 158cm⁻¹）处。

对于烯烃，乙烯基C—H基团在1620nm和2100nm处，顺式烯烃在1180nm、1680nm、2150nm和2190nm处都有特征吸收谱带。而芳烃C—H的一级倍频和二级倍频分别在1685nm和1143nm处，三级倍频在860～890nm（11 627～11 235cm⁻¹）处，四级倍频在713nm（14 025cm⁻¹）处。

表2-1是归纳的各种官能团的振动频率。目前对各吸收频率的归属已经较为确定，但各吸收频率是属于对称或非对称振动商不能确定。

（2）O—H化学键的近红外光谱吸收

由于O—H化学键的不对称性极大，其一级倍频的强度较强，因此，在近红外区域O—H化学键的吸收很容易测定。但O—H化学键的伸缩极其倍频吸收属性极易随着环境的变化而发生变化。

水分子O—H化学键在近红外光谱区有两个特征谱带：1940nm（组合频）和1440nm（OH伸缩振动的一级倍频）。这两个特征吸收十分有用，在食品品质、食品和药品中水分含量都可以通过这些特征吸收来测定。

醇类和酚类中O—H伸缩振动的一级倍频和二级倍频分别出现在1410nm（7092cm⁻¹）和1000nm（10 000cm⁻¹）附近，而伸缩振动和完全振动的组合频在2000nm（5000cm⁻¹）附近。

硅醇常出现在金属硅的表面，游离的 Si—OH 在 2220nm 处有一个组合频吸收，1385nm 处的吸收是 O—H 伸缩振动的一级倍频。

（3）N—H 化学键的近红外光谱吸收

N—H 化学键伸缩振动的一级倍频在 1500nm 附近，伸缩振动与完全振动的组合频在 2000nm 附近。芳族胺的 N—H 键在 1972nm 处有一个组合频谱带，反对称伸缩和对称收缩的一级倍频分别在 1446nm 和 1492nm 附近出现，1020nm 处的吸收峰为对称伸缩振动的二级倍频。

（4）确认谱带归属的其他方法

为了在定性分析和定量分析中进行应用，我们应像中红外光谱一样对近红外光谱各吸收谱带的归属有所了解。因此，除了上述通过试验得到的谱带位置外，还可以采用重氢置换、极化方法测定分子的旋转一级二维光谱等方法。

1.1.3　近红外光谱技术的特点

近红外光谱技术能够在短时间内在众多领域得到快速应用和普及，进而在数据处理及仪器制造方面有如此迅速的发展，主要是因为其在分析测定中具有以下特点。

1. 可用于样品的定性分析，也可用于样品的定量分析

定性分析采用识别分析程序，先取得一组已知样品的吸光度建立模型，再测得待定样品在不同波长下的吸光度，用聚类原理确定样品是否属于该组样品中的一类。如果样品有几类，则可以建立多个模型，用未知样品的谱图来确定其所属类型。定量分析时，可通过多元校正方法利用一组已知内含成分含量的样品，建立定量分析模型，测定结果与已知结果的偏差小于已有分析方法的再现性。

2. 分析速度快，产出多

近红外光谱的采集时间约为 2s，数据处理及统计分析都是由计算机进行处理的。因此，在日程分析中，包括样品准备等工作时间，在 5min 以内即可得到测定数据。近红外光谱技术的另外一个特点是通过一张光谱，可以测得各种物质性质和成分含量。

3. 不破坏样品、不用试剂，是绿色分析技术

近红外光谱的取得可以是透射方式，也可以是漫反射方式。因此，样品可

以是气体、液体和固体形式，不必做任何的形态改变。试样经过分析后，送回生产线进行生产，分析过程中不产生任何污染，是一种绿色分析技术。

4.投资少，操作技术简单

近红外光的波数较紫外光波长，较中红外光波长短，所用的光学材料为石英或者玻璃，仪器价格较低。同时光谱采集所需的光程适中，为 $1 \sim 10mm$ ，因而，可采用不同形状的测量探头，使得光谱采集方法更为便捷。

5.近红外光谱技术发展

光纤的应用使得近红外光谱技术扩展到了过程分析及有毒材料或恶劣环境的远程分析，同时也使光谱仪的设计更为小型化。

当然，伴随着以上优点，近红外光谱分析技术也存在着以下局限性：

第一，近红外光谱定量和定性分析几乎完全依赖于校正模型，校正模型往往需要针对不同的样本类型单独建立，需花费大量的人力和物力。校正模型的建立不是一劳永逸的，在实际应用中，遇到模型界外样本，需要根据待测样本的组成和性质变动，不断对校正模型进行扩充维护。对于经常性的质量控制是非常适合的，但并不适用于非常规性的分析工作。

第二，校正模型要求近红外光谱仪器具有长期的稳定性，仪器的各项性能指标不能发生显著改变，而且光谱仪光路中任何一个光学部件的更换，都可能会使模型失效。如果所建模型要用于不同的仪器，则要求所用的近红外光谱仪器之间有很好的一致性，否则将带来较大的甚至不可接受的预测误差。尽管模型传递技术可以在一定程度上解决这一问题，但不可避免地会降低模型的预测能力。

第三，物质一般在近红外区的吸收系数较小，其检测限通常在 0.1%，对痕量分析往往并不适用。为了克服其局限性，可采用样本预处理的方法（如固相微萃取等富集方法）提高检测限，但这时将近红外光谱作为检测技术可能不是最佳的选择。

基于上述特点，近红外光谱分析技术尤其适合以下场合：

第一，对天然复杂体系样本的快速、高效、无损和现场分析，如石油及其产品、食品的多种物化指标的同时分析等。

第二，高度频繁重复测量的快速分析场合，即分析对象的组成具有相对强的稳定性、一致性和重复性，如炼油厂、食品厂或制药厂的化验室。通过网络化管理，可实现大型集团企业的校正模型共享。

第三，适用于大型工业装置如炼油、化工和制药的在线实时过程分析，与过程控制和优化系统结合可带来可观的经济效益。

1.2　拉曼光谱检测理论基础

拉曼光谱技术是 20 世纪 20 年代逐步发展起来的一项技术，由于具有无损、信息丰富、无须样品制备等优点，被广大科研人员所重视，并进行了长期有效的研究，在食品安全、生物、制药、反恐、材料、地质、半导体、环境监测等众多领域得到了越来越广泛的应用，目前已发展成为一项非常成熟的技术。

1.2.1　拉曼光谱的发展历程

Smekal 等[1] 于 1923 年最早提出了光的非弹性散射理论，即当光通过某一介质时，由于两者的相互作用，散射出的光的频率发生变化，相位也出现随机改变。Raman 等[2] 于 1928 年利用汞弧灯的 435.83nm 绿光照射四氯化碳溶液，观察其散射光，首次发现了光的非弹性散射现象的存在，从实验上证实了 Smekal 的理论。人们命名这种非弹性散射为拉曼散射，以此来纪念 Raman 的贡献。

1928 年拉曼散射效应被发现以后，拉曼效应的研究受到了广泛的追捧，逐渐形成了一项新的技术——拉曼光谱分析技术。拉曼散射光经过了物质的调制，携带了物质的结构信息，所以可以利用物质的拉曼光谱来研究物质结构。尽管拉曼光谱的获取在实验技术上存在着诸多困难，如拉曼散射光强度很弱，约为入射光强的 1/106，人们难以观察到微弱的拉曼散射信号，对于高阶的拉曼散射信号更是难以探测，激发光源的能量较低，所需曝光时间长，样品用量大，且要求样品无色、无荧光、无尘埃等，但与当时刚刚发展起来的红外光谱分析技术相比，拉曼光谱分析技术更加方便易行，因此 1928 ～ 1940 年拉曼光谱分析技术成为研究物质结构的主要手段。

---

① 李永玉，彭彦昆，孙云云，等．拉曼光谱技术检测苹果表面残留的敌百虫农药 [J].食品安全质量检测学报，2012，3（6）：672-675.

② 刘燕德，靳昙昙．拉曼光谱技术在食品质量安全检测中的应用 [J].光谱学与光谱分析，2015，35（9）：2567-2572.

20 世纪 40～60 年代，拉曼散射效应实验条件的诸多限制，使拉曼效应信号太弱，并且要求被测样品的体积必须足够大、无色、无尘埃、无荧光等，制约了拉曼光谱的发展。同时红外光谱技术取得了长足的进步，市场上出现了用于红外光谱分析的商业化仪器，使得拉曼光谱分析技术的发展进入低谷。直到 1960 年，激光技术的发展使拉曼技术得以复兴。激光束由于具有高亮度、方向性和偏振性等优点，成为拉曼光谱的理想光源。加上高分辨率、低杂色光的双联或三联光栅单色仪，以及高灵敏度的光电接收系统的应用，使拉曼光谱技术得以快速的发展。20 世纪 70 年代以后，随着显微拉曼光谱技术的发展，拉曼光谱技术已经可以对微米量级的样品进行分析。

1974 年，Fleischmann 等第一次在实验中发现了表面增强拉曼效应，拉开了增强拉曼技术研究的大幕，而后相继出现了共振增强拉曼光谱技术、针尖增强拉曼光谱技术等增强拉曼技术，大大地提高了拉曼光谱的检测灵敏度。20 世纪 80 年代以后，纤维光学探针被引入拉曼光谱技术，使得拉曼光谱的远程测量成为可能。这个时期拉曼光谱分析技术被广泛应用于工业生产中的远程控制及检测。90 年代以后，出现了傅立叶变换拉曼光谱技术，傅立叶变换拉曼光谱仪可以显著降低甚至消除样品的荧光背景，提高光谱信噪比。电荷耦合元件（Charge-Coupled Device，CCD）探测器技术不断成熟，CCD 探测器的引入使得拉曼光谱的测量时间大大减少，拉曼光谱仪的实时性显著提高。21 世纪以来，随着光学技术及工艺的不断进步，光学元器件的质量不断提高，光谱仪器的性能也不断提升。

1.2.2　拉曼光谱的理论

当一束光照射到固体、液体、气体等物质表面时，光分子与物质分子之间会发生反应，大部分的光被所照射的物质吸收、透过或反射，小部分的光则被物质散射。在光散射现象中，如图 1-1 所示 [1]，当一束频率为 v_0 的单色光（如激光）照射到待测物分子上，大部分光子与分子之间不发生能量交换，仅改变传播方向，而不改变其频率，这种碰撞被称为弹性碰撞，这种现象被称为瑞利散射（Rayleigh Scattering）[2]，占总散射光强度的 10^{-6}～10^{-10}。例如，晴朗的

---

[1]　王海阳，刘燕德，张宇翔. 表面增强拉曼光谱检测脐橙果皮混合农药残留 [J]. 农业工程学报，2017，33（2）：291-296.

[2]　何振磊. 用于兽药掺假检测的拉曼光谱仪光学系统设计 [D]. 中国科学院研究生院论文，2015.

天空呈现蔚蓝色便是由于瑞利散射。另一部分光子与分子之间发生能量交换，使光子不仅改变运动方向，频率也发生改变，这种碰撞被称为非弹性碰撞[①]。发生非弹性碰撞的光子吸收或释放能量后会改变原有的波动频率和方向，并抑制或激发待测分子振动，这种能反映分子转动、振动信息的非弹性散射被称为拉曼散射。其中，反斯托克斯（Anti-Stokes）散射是光子吸收能量后传播频率增加，而斯托克斯（Stokes）散射则是释放能量后波动频率下降[②]。对于任何物质，受单色光激发的反斯托克斯效应总是伴随着斯托克斯效应产生或消失，其波峰位置的相对频移量相同。

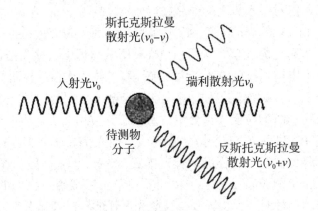

图 1-1　光与物质作用

由玻尔兹曼（Boltzmann）定律可知，处于振动基态的光子数要远大于处于激发态的光子数，因此斯托克斯散射要远大于反斯托克斯散射。其强度比如公式（1-1）所示。

$$\frac{I_{\text{Anti-Stokes}}}{I_{\text{Stokes}}} = \left(\frac{v_0 - v}{v_0 + v}\right)^4 \exp\left(\frac{-hv}{KT}\right) \qquad (1-14)$$

式中，v_0为激发光的频率；v为散射光的频率；h、K分别为普朗克（Planck）、玻尔兹曼常数；T为绝对温度。因此，当激发光频率和绝对温度恒定时，相对波数越大，其对应位置产生的两种散射比（Stokes/Anti-Stokes 散射）也就越大。

根据量子理论，分子运动是遵循量子规律的，通常使用能级的概念来代表

① 瞿晨，彭彦昆，李永玉，等．基于拉曼光谱的苹果中农药残留种类识别及浓度预测的研究 [J]．光谱学与光谱分析，2015，35（8）：2180-2185．

② 刘涛．水果表面农药残留快速检测方法及模型研究 [D]．华东交通大学论文，2011．

分子系统，认为分子基团是在各个能级上运动的，当入射光照射到样品上时，样品吸收入射光到达一个很高的虚态，然后再从这个虚态跃迁到实际的各个分子能级上。如果分子回落到一个较高的能级，发出的光子的能量小于入射光子，这就是斯托克斯拉曼散射（Stokes Raman Scattering）；如果分子回落到一个较低的能级，发出的光子的能量大于入射光子，这种现象则被称为反斯托克斯拉曼散射（Anti-Stokes Raman Scattering）[①]。瑞利、斯托克斯和反斯托克斯拉曼散射过程分子能级跃迁示意图如图 1-2（a）所示。其中，E_0 为基态，E_1 为振动激发态，$E_0 + hv_0$、$E_1 + hv_0$ 为激发虚态。斯托克斯和反斯托克斯线与瑞利线之间的频率差分别为式（1-15）和式（1-16）。

$$v_0 - (v_0 - v) = v \qquad (1\text{-}15)$$

$$v_0 - (v_0 + v) = -v \qquad (1\text{-}16)$$

两者的数值相等，符号相反，说明拉曼谱线对称地分布在瑞利线的两侧，如图 1-2（b）所示。根据玻尔兹曼定律，常温下处于基态 $E_0 = 0$ 的分子数比处于激发态 $E_1 = 1$ 的分子数多，遵守玻尔兹曼分布，因此斯托克斯线的强度（I_s）远大于反斯托克斯线的强度（I_{as}），在拉曼光谱分析中，通常测定斯托克斯散射光线。

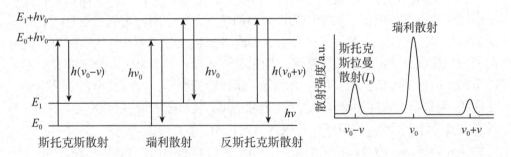

（a）拉曼散射过程能级跃迁　　　　（b）拉曼散射和瑞利散射的关系

图 1-2　拉曼光谱原理示意图

① 陈倩，李沛军，孔保华. 拉曼光谱技术在肉品科学研究中的应用 [J]. 食品科学，2012，33（15）：307-313.

拉曼位移通常用相对瑞利线的位移表示其数值，瑞利线的位置为零点，位移为正数的是斯托克斯位移，而对于发荧光的分子，有时用反斯托克斯位移。

通常将拉曼散射强度相对波长的函数图称为拉曼光谱图。纵坐标是散射强度，可用任意单位表示；横坐标是拉曼位移（Raman Shift），即拉曼散射光频率与激发光频率之差取绝对值，是非弹性散射最主要的特征量，单位是波数，即 cm^{-1}。拉曼光谱主要有 5 个特征参数，即频移、强度、偏振、峰宽及峰强。拉曼散射是待测物质固有的物理特性，通过对光谱特征信息的提取和分析可精确地获得物质组成。

频移位移的大小和方向及强度变化与基团所处的化学环境有关，即反映了分子的张力或应力状态。拉曼频移是拉曼散射光相对于入射光的频移量，频移是介质内部的结构所决定的，取决于分子振动能级的分布，与激光光源的种类、功率、激发线无关，因此具有特征性。不同的分子有不同的振动能级，反映了特定能级的变化，它以光谱的形式被记录和采集下来。据此可以判断出分子中含有的化学键或基团，从而获得分子的指纹图谱信息达到检测的目的。拉曼强度与键的本质和物质的浓度有关。因此，拉曼光谱具有定性、定量检测物质成分的潜力。

1.2.3 拉曼光谱的特点

就分析测试而言，拉曼光谱和红外光谱相配合使用可以更加全面地研究分子的振动状态，提供更多的分子结构方面的信息，但它们的发生机制是不一样的。拉曼光谱是分子对激发光的散射，而红外光谱是分子对红外光的吸收，但两者均是研究分子振动的重要手段，同属分子光谱。一般来讲，分子的非对称性振动和极性基团的振动，都会引起分子偶极距的变化，因而这类振动是红外活性的；而分子对称性振动和非极性基团振动，会使分子变形，极化率随之变化，具有拉曼活性。因此，同原子的非极性键的振动，如 C—C、S—S、N—N 键等，对称性骨架振动，均可从拉曼光谱中获得丰富的信息。而不同原子的极性键，如 C＝O、C—H、N—H 和 O—H 等，在红外光谱上有反映。相反，分子对称骨架振动在红外光谱上几乎看不到。可见，拉曼光谱和红外光谱是相互补充的。为了便于理解，下面对拉曼光谱和红外光谱进行对比。

第一，相互关系。①给定基团的红外吸收波数与拉曼位移完全相同，两者均在红外光区，都反映分子的结构信息；②拉曼位移相当于红外吸收频率。红外光中能得到的信息在拉曼中也会出现。两者为互补关系。

第二，产生机理。拉曼光谱电子云分布瞬间极化产生诱导偶极；红外光谱振动引起偶极矩或电荷分布变化。

第三，拉曼光谱为可见光的散射，谱带范围为 $40 \sim 4000 cm^{-1}$，可作溶剂，样品测试装置可用玻璃毛细管；而红外光谱为红外光的吸收，谱带范围为 $400 \sim 4000 cm^{-1}$，不可作溶剂，样品测试装置不能用玻璃仪器。

第四，在制作样品中，拉曼光谱可以直接检测；而红外光谱则需要通过研磨制成溴化钾片。

第五，拉曼光谱同样有三要素，此外，还有退偏振比；红外光谱解析三要素为峰位、峰强、峰形。

随着测定分析技术和仪器设备的日益完善，拉曼光谱的应用范围越来越广泛。其操作简便、样品无须预处理和可在水溶液环境下测定等优势会更加明显，灵敏度不断提高，应用价值也会更加重要。拉曼光谱是光的散射现象，所以对待测样品的透明度和状态并无特殊要求。因为水的拉曼散射较弱，所以拉曼光谱法适用于测试水溶液体样品。此外，如果激发光源是单色光，拉曼光谱可以用玻璃作为光学材料。现代拉曼光谱仪所用的激发光源一般为单色性极好的激光，这样可以较大地增强拉曼效应。通常来说，拉曼光谱具有以下特点。

1. 快速、无损、无污染，谱峰特征性强

多通道检测器大幅提高了拉曼光谱的测量速度，使实时检测成为可能。拉曼分析通常是非破坏性的，并且不要求做样品预处理，无须样品制备、不破坏样品、不产生污染。拉曼谱峰丰富而尖锐，重叠谱带较少，适合于数据库搜索、差异分析及定量研究，使其在食品、食品品质及材料、化工、高分子、医药、环保等领域得到了广泛应用。拉曼散射的强度通常与散射物质的浓度呈线性的关系，这为样品的定量分析提供了有效手段。

2. 测量方式灵活

对于待测样品的形态没有特定的要求，无论是固体、液体、气体，都能进行测量。待测样品无须预处理，拉曼激光也可透过容器、薄膜照射样品产生信号，因此能实现非侵入式检查。激光聚焦部位通常为毫米级别，因此只需少量样品就能测量。显微拉曼技术可将激光进一步聚焦，这样能研究更小面积的样品。

3. 水溶液分析、低浓度检测

水的红外吸收峰较强，因此红外光谱不适用于水溶液的分析。水分子化学键的不对称性，使其在拉曼光谱中的信号极其微弱[①]。因此，拉曼光谱是研究水溶液的理想工具。拉曼光谱技术灵敏度高，有着很低的检测限，一般可达 $10^{-3}\mu g/L$。近几年的研究表明，运用 CCD 技术，结合拉曼光谱的高灵敏特性，采用共振表面增强拉曼光谱技术，可获得超高灵敏度的检测限，可达 μg/L、pg 或 fmol，检测下限甚至为单分子。

4. 不受单色光源频率的限制

拉曼光谱的频移不受单色光源频率的限制，因此单色光源的频率可以根据样品而有所选择，而近红外光谱的光源不能随意调换。拉曼散射光可以在紫外和可见光波段进行测量，由于紫外光和可见光能量很强，因此在此波段进行测量比红外光波段更容易且效果更好。

5. 稳定的系统结构、可远距离在线分析

利用拉曼激光光纤技术开发的便携式拉曼光谱仪，采用无动件设计方式，具有良好的稳定性与可靠性。拉曼光谱仪使用方便，维护工作量少。借助长达数百米、信号传输率高的石英光纤，可使激光器、检测器等核心器件远离测量样品，使拉曼分析技术适用于恶劣工况与危险环境。

与此同时，拉曼光谱也有一些缺点。例如，不同振动峰重叠和拉曼散射强度容易受光学系统参数等因素的影响，产生的荧光现象对傅立叶变换拉曼光谱分析形成干扰；在进行傅立叶变换光谱分析时，常出现非线性的问题；任何一物质的引入都会给被测物体系带来某种程度的污染，由此可能产生一些误差，会对分析的结果产生一定的影响。

1.2.4 拉曼光谱检测机理

分析拉曼光谱的目标是探测有关样品的某些信息。这些要探测的信息主要包括元素、成分、分子取向、结晶状态及应力和应变状态。它们隐含在拉曼光谱各拉曼峰的高度、宽度、面积、位置（频移）和形状中。分析内容通常有三部分：确定拉曼光谱中含有待测信息的部分光谱；将有用的拉曼信号从光谱的其他部分(噪声)中分离出来；确立将拉曼信号与样品信息相联系的数学关系（或化学计量关系）。

---

① 　安岩. 手持式拉曼光谱仪的光机系统技术研究 [D]. 中国科学院大学论文，2014.

1. 定量分析

应用拉曼光谱技术做定量分析的基础是测得的分析物拉曼峰强度与分析物浓度间有线性比例关系。也就是说,分析物的拉曼峰面积(或峰强度)与分析物浓度间的关系曲线是直线,这种曲线被称为标定曲线。通常对标定曲线应用最小二乘方程拟合以建立数学预测模型,据此从拉曼峰面积(或峰强度)预测得到分析物浓度。

影响拉曼峰面积或峰强度的原因不只有分析物浓度还有其他因素。例如,样品的透明程度和插入收集光系统的薄膜。所以,几乎所有拉曼定量分析在建立标定曲线之前都使用某种类型的内标,以修正这些因素对拉曼峰面积或高度的影响。有时候,当分析物浓度变化时,样品中所有成分的浓度也发生变化。这种情况下,可使用样品所有成分的总和作为内标。内标法和外标法的概念容易混淆,所谓内标法是指在样品中不加入任何其他基准物,只以样品溶剂中某些稳定的波峰作为标准进行的测定。而外标法则是指在样品中加入一定的基准物,以基准物的特征峰作为标准进行的测定。外标法一般用于校正纵坐标的测定误差,也就是用于分析仪器的校准,而横坐标的误差,一般仅为波数的十分之几,因此在内标法中是将样品的波峰与参考波峰的比值作为校正依据的,这就是内标法和外标法的主要功能[①]。它们的应用范围不同,必须正确加以运用。

分析物拉曼峰有时会与其他拉曼峰相重叠。所测定的分析物拉曼峰面积就可能包含了其他峰面积的全部或一部分。如果分析物浓度变化时,其他拉曼峰的形状和面积不发生变化,那么它们对分析物拉曼峰面积的贡献是不变的。最终的标定曲线仍然呈线性,分析物浓度的测定可照常进行。若其他峰的面积或高度发生变化,它们对分析物峰面积的贡献就不是常量,标定曲线就失去了其标定功能。

有几种方法可减除其他拉曼峰对所测分析物拉曼峰面积的影响。峰高度测量对部分峰重叠的敏感性比峰面积测量要小。若分析物峰形状不随浓度变化而变化,其峰面积就正比于峰高度,这样峰高度相对于被分析物浓度的标定曲线是线性的,可用于分析待测物浓度。虽然峰度标定对峰重叠引起的偏差比较不敏感,但其精确度较低,这是因为对峰高度所测量的光子数比峰面积要少得多。拉曼光谱的数学调匀可使峰高测定含有更多的光子。在最好的调匀情况下,调

---

① 刘兵,于凡菊,孙强,等. 手持式拉曼光谱仪探头系统的杂光抑制新方法 [J]. 中国激光,2014,41(1):219-226.

匀峰的高度测量能基本上等效于峰面积的测量[1]。

多元材料的性质通常由组成成分的联合影响决定。这类材料的拉曼光谱可能包含有这些性质的信息，但是只对个别峰的测量是不够的，即使这个峰在光谱中是独立的，不与其他峰有任何交叠。为了测定某些感兴趣的性质，综合考虑一些峰的峰面积、形状或频移是需要的。

2. 定性分析

对于同一物质，若用不同频率的入射光照射，所产生的拉曼散射频率也不同，但是其拉曼位移始终是一个确定值，这就是拉曼光谱表征物质结构和定性鉴定的主要依据。定性分析可以用人工测定，也可用光谱数据库搜索测定。用拉曼光谱进行样品鉴别的人工测定如同进行侦查工作，必须将从拉曼光谱得到的某些线索与样品的其他资料相联系。拉曼峰位置表明某种基团的存在，相对峰高表明样品中不同基团的相对数量，基团峰位置的偏移则可能来源于近旁基团的影响或某种类型的异构化。红外吸收光谱常用来与拉曼光谱相对比，一旦对样品鉴别有了确定的设想，通常分析人员会找到这种材料或类似材料的确切拉曼光谱，以便做进一步证实[2]。

拉曼光谱的人工定性分析是很费时间的工作，通常要求分析人员有丰富的经验和技巧。自动进行定性分析的方法目前已得到普遍应用，这就是光谱数据库搜索。一种被称为搜索引擎的计算机程序能自动将未知材料的拉曼光谱与大量已知样品的拉曼光谱（光谱数据库）相比对。计算机会指出一个或几个已知样品，其拉曼光谱与待测样品光谱最接近，这个或几个样品就可能与待测样品是相同的材料，而且能给出一个数字（符合指数）以定量表明光谱的相符程度。当然，这种光谱数据库搜索软件程序，可以基于样品的待测组分拉曼特征进行自行编制。

---

[1] 高延甲，尹利辉，焦建东，等. 便携式拉曼光谱仪无损测定玻璃瓶装液体制剂的影响因素探讨 [J]. 药物分析杂志，2017，37（2）：358-361.

[2] 黄秀丽，詹云丽，李菁，等. 便携式激光拉曼光谱仪快速鉴别灵芝孢子油掺伪 [J]. 食品工业科技，2016，37（20）：59-62，67.

第2章　近红外光谱分析技术

2.1　近红外光谱分析流程

2.1.1　漫反射光谱分析技术

近红外光谱分析技术（Near Infra-Red Spectroscopy，简称 NIRS）是根据待测样品对某个谱区近红外光的吸光度和吸光物质粒子数之间的关系来进行分析的，即样品中特定频率（或波长）电磁波的吸光度与某特定物质粒子数量成正比。

考虑其正比关系中的比例系数和光程的因素，严格的数学关系式被称为朗伯－比尔定律[①]（Lambert-Beer Law）。其表达式为：

$$A = -\lg \frac{I}{I_0} = \varepsilon b C \tag{2-1}$$

其中，I_0 为波长为 λ 的平行、均匀入射光强度，ε 为摩尔吸光系数，I 为透过光谱后的光强度，A 为吸光度，b 为光程，C 为待测样品的浓度。

朗伯－比尔定律表明：对于一定波长 λ 的单色光，待测物质的吸光度 A 与光程 b 以及浓度 C 成正比，其比例常数 ε 被称为摩尔吸光系数。因此，待测物质的

① 丛庆，李福芬，李扬，等．用傅立叶变换红外光谱法检测气体中微量氟化氢 [J]．低温与特气，2018，36（05）：38-41.

吸光度 A 可视为一个多元函数。由特定波长的光和待测物质（特定吸光系数 ε）可知，A 与待测物质浓度 C 呈线性关系，可以用作光谱定量分析；当光程 b 和浓度 C 一定的时候，此时的 A 和特定物质的吸收波长之间的关系曲线就是吸收光谱，可以用作光谱定性分析[①]。由以上分析可知，朗伯 – 比尔定律为光谱定量或定性分析提供了理论基础。

当一束近红外光照向由固体颗粒组成的样品，在物质的颗粒间会发生各种作用（反射、吸收、透射等）并穿过样品。这个过程中的样品截面效果图如图 2-1 所示，当光照向固体颗粒样品的时候，在样品表面和内部会发生镜面反射和漫反射。如图 2-1 所示，只是在样品颗粒表面经过镜面反射的光并未进入样品内部，这些近红外光并未携带样品的信息。而漫反射光是经光源照射进入样品内部[②]，与样品颗粒中的分子基团相互作用（充分吸收近红外光）之后，返回到样品表面的光，其中携带了大量与待测样品的组分和结构有关的信息[③]。探测器接收并返回的近红外光不仅包括漫反射光，还包括镜面反射光，这样形成的光谱中包含了与样品性质无关的干扰信息。

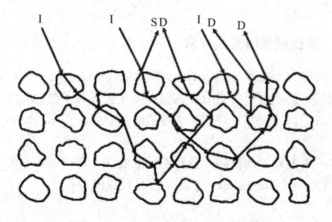

图 2-1　样品（猪肉）颗粒的反射示意图（I—入射光；D—漫反射光；S—镜面反射光）

① 吴宪 . 近红外光谱技术在食用植物油脂检测中的实践研究 [J]. 粮食科技与经济，2019，44（01）：34-37.

② 于云华，李浩光，沈学锋，等 . 基于深度信念网络的多品种玉米单倍体定性鉴别方法研究 [J]. 光谱学与光谱分析，2019，39（03）：905-909.

③ 王丹丹 . 基于微型光纤光谱仪的宝石鉴别研究 [D]. 河北大学论文，2013.

由于朗伯 – 比尔定律的适用范围局限于透射吸光度光谱，漫反射吸收度光谱与吸收成分浓度之间的关系并不满足上述定律。通过对光的漫反射机理的大量研究，可以推导出待测样品的漫反射率的近似公式：

$$R = 1 + \frac{K}{S} - \sqrt{\left(\frac{K}{S}\right)^2 + 2 \cdot \frac{K}{S}} \qquad (2\text{-}2)$$

上式所反映的变量关系又称为"Kubelka–Munk"函数。在式（2-2）的基础上定义漫反射吸光度：

$$A = -\log\left[\frac{1}{R_\infty}\right] = -\log\left[1 + \frac{K}{S} - \sqrt{\left(\frac{K}{S}\right)^2 + 2 \cdot \frac{K}{S}}\right] \qquad (2\text{-}3)$$

式中，A 为待测物质的吸光度；K 是吸光系数，主要取决于样品（猪肉）的化学组成与分子结构；S 是散射系数，主要取决于样品（猪肉）的颗粒大小。由式（2-3）可知，A 与 K/S 的函数关系曲线经过原点。

如图 2-2 所示，在一定的范围内，该函数可以用如下近似的线性关系来代替：

$$A = a + b\left(\frac{K}{S}\right) \qquad (2\text{-}4)$$

如图 2-2 所示，曲线"1"就是吸光度函数的曲线图。当 $1 \leqslant K/S \leqslant 5$ 的时候，用最小二乘法的线性拟合得到直线 $A = 1.181 + 0.276 \cdot C$，近似代替曲线"1"，经过拟合以后，其相关系数为 0.988。这表明，在一定范围内用线性关系近似替代原函数是可行的。对于仅含单个组分的样品，吸光系数 K 与组分浓度 C 近似成正比，即 $K = n \cdot C$。因此，吸光度函数可表示为：$A = a + k \cdot C\left(k = (b \cdot n)/S\right)$。

由上推断出，样品的吸光度是和待测组分呈线性关系。根据上述理论推导可知，可用近似的 A – C 线性关系实现近红外光谱的定量分析。但是根据式（2-4）可知，与朗伯 – 比尔定律相比，漫反射理论使用的浓度范围较窄，而且需要满足散射系数 S 不变的前提，这就对样品的形状、颗粒大小、压样程度提出了更高要求。

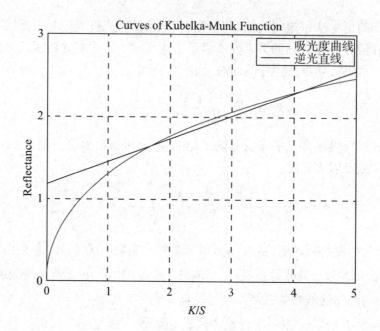

图2-2 漫反射吸光度A与K/S的关系曲线图

2.1.2 近红外光谱仪

近红外光谱仪是一种用来测量物质对近红外光吸收度的仪器，它的主要组成部分有辐射源、分光器、样品池、探测器、采集和分析系统。经过近半个世纪的历程，近红外光谱仪也取得了长足的发展。以波长测定范围为依据，近红外光谱仪分为测定全波段的研究型仪器和测定某个或几个波长的专用型仪器；以仪器的分光器件为依据，近红外光谱仪可分为以下几个主要类型[①]：滤光片、光栅分光、傅立叶变换和声光调制滤光片。光谱数据由傅立叶近红外光谱仪测量获得。傅立叶近红外光谱仪基于光干涉和傅立叶变换原理而设计，其结构图如2-3所示，光源从1发出之后通过迈克尔逊干涉仪的结构形成干涉光，并经过检测器转换为电信号，该信号的横坐标是动镜移动距离，将干涉图（以时间为横坐标）经过模数转换后，在计算机中进行离散傅立叶变换，然后将转换后的数字信号转换为模拟信号，最终得到（以波长为横坐标）光谱图。

---

① 李亚凯. 双通道傅立叶变换红外光谱快速复原方法研究与实现 [D]. 中国科学技术大学论文，2017.

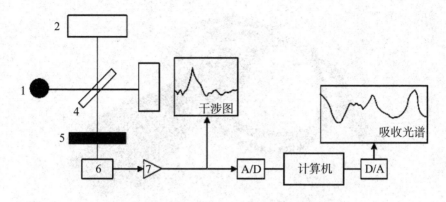

图 2-3　傅立叶近红外光谱仪工作原理图

1—光源；2—定镜；3—动镜；4—分束器；5—样品池；6—检测器；7—信号
放大器，A/D 和 D/A 分别为模数和数模转换器

傅立叶近红外光谱仪（FT-NIR）主要利用干涉图和光谱图之间的关系，
通过对干涉图求取傅立叶变换的方法测量光谱[①]。相对于传统的近红外光谱仪
而言，它所测得的光谱具有更高的分辨率，且不易受到噪声的干扰。从 20 世
纪 80 年代开始，它得到了越来越广泛的使用，目前在市场上的使用较多的
傅立叶近红外光谱仪有 Brucker 公司的 VECTOR 和 MATRIX，本实验使用
Thermo-Nicolet 生产的 Antarishe 和瑞利分析仪器公司的 WQF-400N 等。光谱
数据由美国 VIAVI 公司生产的 MicroNIRonsite 手持式近红外光谱仪采集获得，
数据采集的应用软件平台为 VIAVIMicroNIR，系统平台为 Windows 10。实验
所用的光谱仪如图 2-4 所示。便携式光谱仪与傅立叶近红外光谱仪相比无太大
区别，均包括光源、分光元件、探测器阵列、显示系统等。其主要特点是便携
式光谱仪体积轻，特征点少，对于环境温度、湿度及抗震性的适用范围较宽，
同时具有较强的可开发性。

---

① 王宇恒，胡文雁，宋鹏飞，等.不同傅立叶近红外仪器间（积分球漫反射测量）的模
型传递及误差分析 [J]. 光谱学与光谱分析，2019，39（03）：964-968.

图 2-4 MicroNIR onsite 手持式近红外光谱仪

2.1.3 近红外光谱分析主要流程

近红外光谱分析技术是随着计算技术的发展而发展的。在近红外光谱技术发展的同时，欧洲的 Wold 教授和美国的 Kowalski 教授于 20 世纪 70 年代开始了化学计量学（Khemomentrices）的研究，他们使用数学、统计学和计算机科学知识，避免了因近红外吸收及漫反射光谱谱带都很宽而得不到解析的困难。

光谱化学计量学方法研究在现代近红外光谱分析中占有非常重要的地位。稳定、可靠的近红外光谱分析仪器与功能全面的化学计量学软件相结合，标志着现代近红外光谱技术进入了崭新的一页。

近红外光谱分析技术是通过建立校正模型从而对未知样品的组分含量进行定量分析的一种间接的分析技术。通过以下几步来完成分析模型的建立：①测量样品的近红外光谱，并选择有代表性的样品作为校正集；②采用国标法或已被公认的方法对样品的化学成分进行测定；③根据已测量的近红外光谱图和化学值同时运用化学计量学方法来建立定量分析模型；④根据定量分析模型来对预测样品的组分含量进行测定。

近红外光谱分析过程分为两步：校正模型的建立和未知样品的预测，流程如图 2-5 和图 2-6 所示。

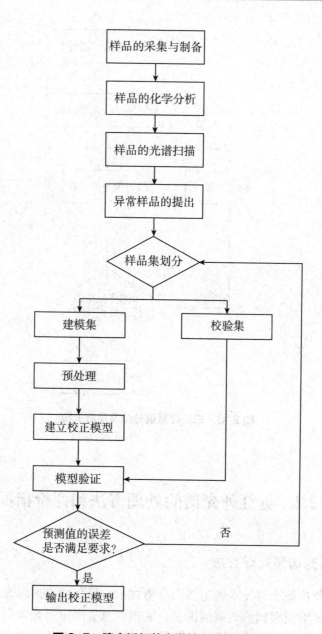

图 2-5 建立近红外光谱校正模型流程

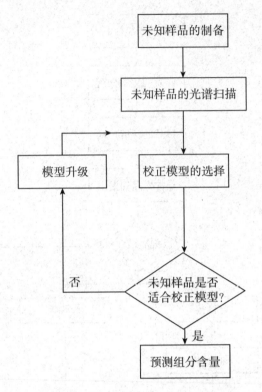

图 2-6 未知样品组分浓度预测流程

2.2 近红外光谱的处理方法和评价指标

2.2.1 光谱预处理方法

近红外和拉曼光谱技术属于二次分析技术，采集的光谱包含丰富的信息，但同时存在影响模型预测效果的因素，如谱带重叠严重、光谱信息专属性差、信噪比低等，因此必须选取合适的预处理方法，对采集的两种光谱数据进行处理，确保采用拉曼、近红外及两种光谱融合建立的定性、定量检测模型预测效果理想。

1.Savitzky-Golay 卷积平滑

Savitzky-Golay 卷积平滑，进一步以光谱数据的中心点作为重心，也称为多项式平滑，是消除光谱数据中的信号平滑方法，适用于消除光谱数据中的不规则噪声。与滑动窗口相比，Savitzky–Golay 卷积平滑是用多项式对移动窗口内的数据进行拟合的[①]。

波长点经 Savitzky–Golay 卷积平滑后的平均值为：

$$x_{k,smooth} = \overline{x_k} = \frac{1}{H}\sum_{i=-w}^{+w} x_{k+i}h_i \tag{2-5}$$

式中，H 为归一化因子，h_i 为平滑系数，$H = \sum_{i=-w}^{+w} h_i$。将测量值乘以 h_i，以免平滑算法影响到其他非噪声信息。

Savitzky–Golay 卷积平滑最重要的则是计算矩阵算子。设滤波窗口的宽度为 $n = 2m+1$，每个测量点为 $x = (-m, -m+2, \cdots, 0, 1, \cdots, m-1, m)$，为了对窗口内的数据点进行拟合，我们采用 $k-1$ 次多项式：

$$y = a_0 + a_1 x + a_2 x^2 + \cdots + a_{k-1} x^{k-1} \tag{2-6}$$

由 n 个这样的多项式构成 k 元线性方程组，该方程组可解，则有 $n > k$，然后根据 PLS 进行拟合，确定拟合参数 A，由此可得：

$$\begin{pmatrix} y_{-m} \\ y_{-m-1} \\ \vdots \\ y_m \end{pmatrix} = \begin{pmatrix} 1 & -m & \cdots & (-m)^{k-1} \\ 1 & -m-1 & \cdots & (-m+1)^{k-1} \\ \vdots & \vdots & \vdots & \vdots \\ 1 & m & \cdots & m^{k-1} \end{pmatrix} \begin{pmatrix} a_0 \\ a_1 \\ \vdots \\ a_{k-1} \end{pmatrix} + \begin{pmatrix} e_{-m} \\ e_{-m+1} \\ \vdots \\ e_m \end{pmatrix} \tag{2-7}$$

用矩阵表示为：

$$Y_{(2m+1)\times 1} = X_{(2m+1)\times k} \cdot A_{K\times 1} + E_{(2m+1)\times 1} \tag{2-8}$$

A 的最小二乘解为：

$$\hat{A} = \left(X^{\mathrm{T}} \cdot X\right)^{-1} \cdot X^{\mathrm{T}} \cdot Y \tag{2-9}$$

Y 的模型预测值或滤波值为：

$$\hat{Y} = X \cdot A = X \cdot \left(X^{\mathrm{T}} \cdot X\right)^{-1} \cdot X^{\mathrm{T}} \cdot Y = B \cdot Y \tag{2-10}$$

---

① 陈华舟，潘涛，陈洁梅. 多元散射校正与 Savitzky–Golay 平滑模式的组合优选应用于土壤有机质的近红外光谱分析 [J]. 计算机与应用化学，2011，28（5）：518-522.

其中，$B = X \cdot \left(X^{\mathrm{T}} \cdot X \right)^{-1} \cdot X^{\mathrm{T}}$。

2. 多元散射校正

1985 年，Martens 等[1] 提出通过多元散射校正（MSC）方法来消除不同光谱之间的物理散射信息之间的差异，对不同待测样品光谱中的散射信息进行校正，提高待测样品与采集的 NIR 光谱信息的相关性[2]。MSC 的原理是利用一条能代表所有样品的基准光谱，用每个样品的光谱与基准光谱进行一元线性回归运算，然后用回归方程的斜率和截距来校正原始光谱。然而在实际应用中，并不存在我们假设的基准光谱，由于 MSC 主要应用于样本物理因素造成的影响，即光谱数据不在基准位，所以求得所有光谱的均光谱，用它来做矫正的基准光谱。

校正光谱的平均光谱：

$$A = \frac{\sum_{i=1}^{n} A_i}{n} \qquad (2\text{-}11)$$

对平均光谱作回归：

$$A_i = m_i \bar{A} + b_i \qquad (2\text{-}12)$$

对每一条光谱作多元散射校正：

$$A_i（校正后）= \frac{(A_i - b_i)}{m_i} \qquad (2\text{-}13)$$

多元散射校正可去除样品近红外漫反射光谱的镜面反射及不均匀性造成的噪声，消除漫反射光谱的基线及光谱的不重复性。但多元散射校正假定散射与样品的浓度变化无关，所以对组分性质变化较宽的样品处理效果较差。

3. 扣减

扣减是选定一吸收波长，将其吸收值对所有波长处的吸收值进行扣减，用于消除背景的影响。

---

[1]　Geladi P，MacDougall D，Martens H. Linearization and Scatter-Correction for NIR Reflectance Spectra of Meat.Applied Spectroscopy，1985，39（3）：491-500

[2]　赵强，张工力，陈星旦. 多元散射校正对近红外光谱分析定标模型的影响. 光学精密工程，2005，13（1）：53-58.

4. 微分

微分可以消除基线漂移和克服谱带重叠，是常用的光谱预处理方法，包括一阶微分和二阶微分两种方法：一阶微分可去除同波长无关的漂移；二阶微分可去除与波长线性相关的漂移。

一阶微分：

$$X(i) = \left[x(i+g) - x(i) \right] / g \qquad (2-14)$$

二阶微分：

$$X(i) = \left[x(i+g) - 2x(i) + x(i-g) \right] / g^2 \qquad (2-15)$$

式中，g 为微分窗口宽度；x 为微分前的光谱吸光度；X 为微分后的光谱吸光度。

5. 分段多元散射校正

由多元散射校正方法可以看出，它消除散射影响的基本假设是每条光谱与"理想光谱"在全波长范围内存在线性关系，光散射对每个样品、每个波长点产生的影响是线性的。因此，简单的最小二乘法便可消除由光散射产生的背景的影响。但在实际解决问题时，这样的假设并不存在，由于样品颗粒大小不同，引起的光散射背景十分复杂，仅依靠校正集的平均光谱作为标准谱是不行的。而分段多元散射校正（Piece-wise Mutiplicative Scatter Correction，PMSC）是为了消除光谱的非线性散射而提出的，与多元散射校正方法相比，PMSC 在进行校正时，假设在移动窗口（$m+n+1$）的波长范围内，x_{ij}（$m+n+1$）与平均光谱存在线性关系，对每一移动窗口分别按式 2-10 进行一元线性回归，由最小二乘法依次求出每段移动窗口的斜率 b_{ij} 和截距 a_{ij}。

$$\boldsymbol{x}_{ij} = \boldsymbol{L}a_{ij} + \bar{x}b_{ij} + \boldsymbol{e}_{ij} \qquad (2-16)$$

式中，$\boldsymbol{x}_{ij} = \left[x_{i,j-m}, x_{i,j-m-1}, \cdots, x_{i,j}, x_{i,i+n-1}, x_{i,j+n} \right]^{\mathrm{T}}$；$\bar{x}$ 为样品集（$m+n+1$）窗口大小范围内的平均光谱；$\boldsymbol{L}$ 为（$m+n+1 \times 1$）的单位向量；$\boldsymbol{e}_{ij}$ 为（$m+n+1 \times 1$）的残差向量；a_{ij} 和 b_{ij} 为 PMSC 的校正参数。PMSC 校正后的光谱 $x_{ij,校正后}$ 计算如下：

$$x_{ij,校正后} = \left(x_{ij,校正后} - a_{ij} \right) / b_{ij} \qquad (2-17)$$

移动窗口大小的选择对结果影响较大。若窗口过大，区间的线性关系将不存在；若窗口过小，削弱了样品间的光谱差异，模型的预测能力变差。

MSC 和 PMSC 仅对谱图数据矩阵进行处理，而没有对浓度矩阵进行处理。因此，在进行预处理时，可能损失了部分对建立校正模型有用的化学信息，又可能不完全剔除噪声，影响了模型的质量。

2.2.2　建立校正模型方法

采集的激光拉曼和近红外光谱数据中包含反映待测油样的分子基团等丰富信息，同时由于光谱数据的变量多、特征信息变量不容易区别等原因，很难直接利用待测油样光谱之间的差异进行定性分析，很难直接建立 Raman 和 NIR 光谱与待测油样的脂肪酸组分和特征成分等之间的定量检测模型。因此，以化学计量学算法作为桥梁，对 NIR 和 Raman 光谱数据进行分析处理，建立待测物质的定性、定量检测数学模型。目前，Raman 和 NIR 光谱建模常用的定性分析方法有：人工神经网络、支持向量机和拓扑方法等非线性方法，以及多元线性回归、主成分回归和偏最小二乘法等线性方法。其中，PLS 在近红外光谱分析中得到了广泛的应用。此外，ANN 作为非线性校正方法的代表，也越来越多的用于近红外光谱分析。

1. 人工神经网络方法

线性回归方式的多元校正方法都是基于假设前提的，即所研究的体系光谱都是线性加和体系，符合朗伯-比尔定律。但在实际工作中，近红外吸收光谱参数与样品含量范围较大时，其非线性较为明显。另外，体系中各组分的相互作用、仪器的噪声信息及基线漂移等因素，也会引起非线性现象。PLS 在一定程度上可以校正非线性因素，但非线性很严重的情况下，是不能得到理想的分析模型，而必须针对分析体系的非线性特征，建立非线性校正模型。

在非线性严重的条件下，通常采用非线性方法，如非线性的偏最小二乘法（NPLS）；或将校正集样品分类，再通过校正方法建立模型，如局部权重回归等。但这些方法在近红外光谱分析中并不常用。

人工神经网络法（ANN）是近年来发展起来的一种数学处理方法，通过模拟人脑神经的活动力图来建立脑神经活动的数学模型，把储存和计算的信息同时存在神经单元中。在一定程度上，神经网络可以模拟动物神经系统的活动过程，具有自学习、自组织、自适应、很强容错能力和并行处理信息的功能，具有非常大的优势。

人工神经网络有多种算法，按照学习策略可以分为有监督的人工神经网络方法和无监督的人工神经网络方法。有监督的人工神经网络方法主要是对已知样本进行训练，然后对未知样本进行预测，典型的是误差反向传输入工神经网络（Back Propagation-Artificial Neural Network，BP-ANN）。无监督的人工神经网络方法，无须对已知样本进行训练，可用于样本的聚类和识别。

（1）BP- 人工神经网络

在近红外光谱分析中，应用最多的就是 BP- 人工神经网络，是在 1986 年由 Rumelhard 和 McCleland 提出的，它是最简单的多层神经网络，也是最具代表性和用途广泛的一种网络系统，是由非线性变换神经单元组成的一种前馈型网络。

神经网络的基本单元称为神经元（Neuron）或节点，是对生物神经元的简化和模拟，其特性在某种程度上决定了神经网络的总体特性。大量的简单神经元构成了神经网络，一个网络由多层结构组成。

BP 神经网络通常采用基于 BP 神经元的多层前项神经网络的结构形式，如图 2-7 所示。

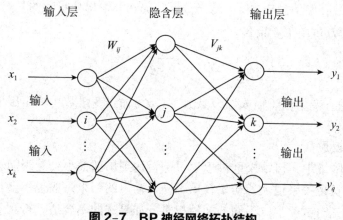

图 2-7　BP 神经网络拓扑结构

BP 神经网络一般由 3 个神经元层组成，即输入层、隐含层和输出层。

数据由输入层输入，经标准化处理，施以权重传输到第二层，即隐含层，隐含层经过权值、阈值和激励函数运算后，传输到输出层，输出层给出神经网络的预测值，并与期望值进行比较，若存在误差，则从输出开始反向传播误差，进行取值和阈值调整，使得网络输出与期望趋于一致。

各层的神经元之间形成全互相连接，各层的神经元之间没有连接，计算分为两步：首先对网络进行训练，对网络进行学习，其次利用训练好的网络对未知样本进行预测。通过输出层单元的误差逐层向输入层逆向传播给各个层的神经元，从而获得各层单元的参考误差以便调整相应的连接权，直到网络的误差达到最小。应用此方法建立模型，需要优化以下参数。

①输入变量

近红外光谱数据存在严重的共线性，因此不能直接作为输入变量，需要先对光谱数据进行降维处理。通常以主成分分析或偏最小二乘法得到的主因子数作为网络的输入变量。

②隐含层网络数

三层 BP 神经网络可以任意精度拟合任意连续函数，具有非常强大的非线性建模能力。对近红外光谱数据处理时，通常选取一个隐含层，即三层 BP 网络便可解决大多数问题的非线性定量校正问题，对于较复杂的问题，隐含层也最多选择两层。

③隐含层节点数

节点数的选择非常关键。较多的隐含层节点数可存储较多的信息，但会使模型训练时间变长，也需要较多的训练样本，否则模型容易产生过拟合现象；较少的节点数存储信息较少，不能充分反映输入和输出变量间的复杂函数关系。隐含层节点数 h 可由下式求得：

$$h = \frac{p+q}{2} \text{ 或 } h = \sqrt{p+q} \qquad (2\text{-}18)$$

式中，p 为输入变量数（输入层节点数）；q 为输出变量数（输出层节点数，通常为 1）。

④初始权重

在神经网络中，初始权重对于学习是否达到局部最小、是否能够收敛以及训练时间的长短关系很大。初始权重不同，输出的结果一般也不会相同。目前常用的方法是由试验尝试不同的初始权重，如果选的不合适，得到的结果就不满意，可以重新设定初始权重值，让网络重新进行学习。

⑤传输函数

对非线性问题，输入层和隐含层常采用非线性传输函数，若样本输出大于 0 时，多采用对数函数函数；输出层采用线性函数 Pare&，用于保持输出的范围。

⑥BP 学习算法

常采用梯度下降算法，即网络的权值和阈值是沿着网络误差变化的负梯度方向进行调节的，最后使网络误差达到极小值。在进行网络训练时，都采用最小二乘函数作为误差函数。隐含层各神经元的权重修正计算与输出层无关，因此在 BP 算法中，首先由输出层进行权重计算，其次对隐含层的权重进行修正。

这种计算法具有由后往前修正权重的特征，因此成为误差反向算法。

⑦学习速率

学习速率大小影响人工神经网络收敛速度。在学习初始阶段，可以加快学习进程和收敛速度，但训练过程接近最佳权重时，学习速率必须降低，否则产生振荡而不能收敛。根据这种情况，我们可以采用变学习速率的方法，一般选择在 0.01 ～ 0.8 之间，再根据训练过程中梯度变化和均方根误差变化值来动态选择学习速率。学习时间不宜过长，一般在 0.7 ～ 0.9s 范围内。

⑧终止条件

一旦达到最大训练次数，或网络误差平方和降到期望误差下时，都要停止网络学习。为了解决过训练问题，即训练过程中的误差尽管在迭代过程中还继续下降，但预测集的误差却开始上升。通常将训练集分为两个部分：一部分为校正集，其预测误差反向传输，用于调整权重；另一部分为监控集，不参与训练，其预测误差平方和用于控制网络的训练。在训练初始阶段，验证集的误差会逐渐增大，在达到一定程度时，网络训练会提前终止，这时训练函数会返回到验证误差取最小值的网络对象。测试误差不参与网络训练，但可用来评价网络训练结果和训练集组成的合理性。

（2）径向基函数人工神经网络

径向基函数人工神经网络（Radial Basis Function networks，RBF）是由 Moody 和 Darken 提出的一种单隐层前馈网络，其输入层节点直接将输入信号传递到隐层，隐层节点作用函数为某种径向基函数高斯函数，而输出层节点则为简单的线性函数。

RBF 网络可以根据问题确定相应的网络拓扑结构，学习速率快，不存在局部最小问题，迭代训练容易收敛，在逼近能力、分类能力和学习速率方面比 BP 网络更佳。

RBF 网络结构与 BP 网络类似，是一种三层前向网络。第一层为输入层，由输入节点组成；第二层为隐含层，每个神经元都代表一组径向基函数；第三层为输出层，对输入模型进行相应。RBF 网络训练学习方法与 BP 网络类似，都可以近似任何连续非线性函数，二者间的主要差别就是传递函数不同，BP 网络中隐含层通常使用 Sigmoid 函数，而 RNF 网络的传递函数是局部的。

2. 支持向量机

1995 年，V. Vapnik 提出的支持向量机（SVM）在解决小样品、非线性及高维模式识别中表现出许多特有的优势，成为克服"维数灾难"和"过学习"

等困难的强有力手段。支持向量机法是一种新的模式识别方法，其有效地克服了神经网络方法收敛难、解不稳定以及推广性（泛化能力、预测能力）差的缺点，在非线性和高维空间的模式识别上具有很强的优势。支持向量机算法有三种核函数（Kernel Function），如下所示。

（1）多项式核函数：

$$K\left(x_i, x_j\right) = \left[\left(\boldsymbol{x}_i^{\mathrm{T}} x\right) + 1\right]^q \tag{2-19}$$

（2）径向基核函数：

$$K\left(x_i, x_j\right) = \exp\left(-\|x_i - x\|^2 / 2\alpha^2\right) \tag{2-20}$$

（3）S形核函数：

$$K\left(x_i, x_j\right) = \tanh\left[v\left(\boldsymbol{x}_i^{\mathrm{T}} x\right) + c\right] \tag{2-21}$$

3. 拓扑方法

近红外光谱拓扑方法是一种基于拓扑学基础的非回归方法，基于"样品相同，光谱相同；光谱相同，则样品相同"的原理。该方法可借鉴中药铺结构进行说明其设计原理，即每个抽屉放置一种样品，并给每个抽屉设定一个特定的编码。因此，拓扑方法的关键在于从每一个样品的近红外光谱提取特征信息变量，确定样品的编码。

用于构建样品编码的特征变量包括：特征波长的变量组合、特别波长的区间或包含的面积、对光谱进行数学处理后得到的系数或它们的组合。在预测未知样品时，首先根据建立的编码原则，由近红外光谱提取特征变量进行编码，其次根据一定的编码方法在拓扑数据库中寻找最为接近的样品，给出样品的性质和组成。

虽然拓扑方法可以有效克服因子校正方法的更新及针对不同类型样品和性质建立多个模型，但是其对光谱的质量有更高的要求，尤其是光谱要具有很高的一致性。所以，在对样品光谱进行采集时，必须严格控制采样条件，否则得到的结果预测将产生较大偏差。

4. 多元线性回归（MLR）

在多元线性回归中，只要知道样品中组分的浓度，就可以建立定量预测模型。多元线性回归也存在很多局限性。

（1）由于方程维数的要求，参与回归的变量数不能超过校正集的样本数目，波长点数有限，光谱信息利用不充分。

（2）光谱矩阵 X 存在共线性问题。

（3）在回归过程中，未考虑 X 矩阵存在的噪声，容易产生过拟合情况，模型的预测能力下降。多元线性回归适用于线性关系特别好的简单体系，不需考虑组分间互相干扰的影响。

5. 主成分回归法

主成分回归法是通过主成分分析（PCA）对光谱矩阵 X 进行分解，然后取其中的主成分来建立线性回归模型。PCA 的目的是将数据降维，将原变量转为几个少数新变量的线性组合，同时，这些新变量要尽可能多地表征原变量的数据特征而不丢失有用信息。新变量是互相正交的，彼此间互不相关，以消除众多信息共存中互相重叠的信息部分。

PCA 将光谱矩阵 X（$n \times k$）分解为 k 个向量的外积之和，即：

$$X = t_1 p_1^{\mathrm{T}} + t_2 p_2^{\mathrm{T}} + t_3 p_3^{\mathrm{T}} + \cdots + t_k p_k^{\mathrm{T}} \qquad (2-22)$$

式中，t 为得分向量，p 为载荷向量，或称为主成分或主因子。

上式也可以写成下列矩阵：

$$X = TP^{\mathrm{T}} \qquad (2-23)$$

式中，$X = [t_1 t_2 \cdots t_n]$ 称为得分矩阵；$P = [p_1 p_2 \cdots p_n]$ 称为载荷矩阵。

从概率论统计观点可知，一个随机变量的方差越大，该变量包含的信息越多；如当一个变量的方差为 0 时，该变量为一常数，不含任何信息。当矩阵 X 中的变量间存在一定程度的线性相关时，X 的变化将主要体现在最前面几个载荷向量方向上，X 在最后几个载荷向量上的投影很小，它们主要由测量噪声引起，这样可将矩阵 X 的 PCA 分解为：

$$X = t_1 p_1^{\mathrm{T}} + t_2 p_2^{\mathrm{T}} + t_3 p_3^{\mathrm{T}} + \cdots + t_k p_k^{\mathrm{T}} + E \qquad (2-24)$$

式中，E 为误差矩阵，代表 X 在 p_k 载荷向量方向上的变化。由于误差矩阵 E 主要由测量噪声引起的，将 E 忽略掉不会引起数据中包含的大部分信息的明显损失，还会起到清除噪声的效果。

用矩阵 X 主成分分析得到了前 f 个得分向量组成的矩阵 $T = [t_1, t_2, \cdots, t_f]$，代替原始吸光度变量进行 MLR 回归，得到主成分回归模型：

$$Y = TB + E \qquad (2-25)$$

B 的最小二乘解为：

$$B = \left(\boldsymbol{T}^\mathrm{T}\boldsymbol{T}\right)^{-1}\boldsymbol{T}^\mathrm{T}Y \tag{2-26}$$

对于待测样品的光谱 x，首先由主成分分析得到载荷矩阵，求其得分向量：其次通过主成分回归模型 B 得到最终结果：$y = tB$。

主成分回归分析有效克服了 MLR 由于输入变量间严重共线性引起的不稳定算法带来的计算误差。在最大可能利用有用信息的前提下，忽略次要主成分，还可减少噪声对模型的不利影响，进一步提高了所建模型的预测能力。该方法已适用较复杂的分析体系，不需要知道干扰组分的存在就可以预测待测组分。但 PCR 计算速度比 MLR 慢，且不能保证参与回归计算的主成分一定与待测组分有关。

在主成分回归中，确定参与回归的最佳主成分数非常重要。如果选取的主因子太少，将会丢失原始光谱较多的有用信息，拟合不充分；如果选取的因子太多，将会带来噪声信息，出现过拟合现象，模型的预测误差会显著增大。因此，合理确定参加建立模型的主成分数是充分利用光谱信息和滤除噪声的有效方法之一。

在近红外光谱分析中，常采用交互验证的方法来选择主因子数，从此预测残差平方和（PRESS）。PRESS 值越小，说明因子的预测能力越好。

6. 偏最小二乘法

PCR 方法仅对光谱矩阵 $\boldsymbol{X}$ 进行分解，消除无用的噪声信息。同样，浓度矩阵 $\boldsymbol{Y}$ 也包含有无用的信息，也应对其进行降噪处理，且在分解 $\boldsymbol{X}$ 时应考虑浓度矩阵 $\boldsymbol{Y}$ 的影响。偏最小二乘法（PLS）就是基于以上思想提出的多元回归方法。

先对光谱矩阵 $\boldsymbol{X}$ 和浓度矩阵 $\boldsymbol{Y}$ 进行分解：

$$\boldsymbol{X} = \boldsymbol{TP} + \boldsymbol{E} \tag{2-27}$$

$$\boldsymbol{Y} = \boldsymbol{UQ} + \boldsymbol{F} \tag{2-28}$$

式中，$\boldsymbol{T}$ 和 $\boldsymbol{U}$ 分别为 $\boldsymbol{X}$ 和 $\boldsymbol{Y}$ 矩阵的得分矩阵；$\boldsymbol{P}$ 和 $\boldsymbol{Q}$ 分别为 $\boldsymbol{X}$ 和 $\boldsymbol{Y}$ 矩阵的载荷矩阵；$\boldsymbol{E}$ 和 $\boldsymbol{F}$ 分别为 $\boldsymbol{X}$ 和 $\boldsymbol{Y}$ 矩阵的 PLS 拟合残差矩阵。

然后对 $\boldsymbol{T}$ 和 $\boldsymbol{U}$ 作线性回归：

$$\boldsymbol{U} = \boldsymbol{TB} \tag{2-29}$$

$$B = \left(\boldsymbol{T}^\mathrm{T}\boldsymbol{T}\right)^{-1}\boldsymbol{T}^\mathrm{T}Y \tag{2-30}$$

预测时，先得到未知样品的得分矩阵 $\boldsymbol{T}$，然后计算浓度值：

$$Y = TBQ \tag{2-31}$$

在实际计算时，PLS 把矩阵分解和回归并为一步，即 X 和 Y 矩阵分解的同时，并且将 Y 的信息引入 X 矩阵分解过程中，在得到一个新的主成分前，将 X 的得分 T 与 Y 的得分 U 进行交换，使得到 X 主成分直接与 Y 进行关联，这就克服了 PCR 方法的缺点。

PLS 分为 PLS1 和 PLS2 两种方法。PLS1 每次只校正一个组分，PLS2 可同时校正多个组分。应用 PLS2 方法建模时，由于应用相同的得分矩阵 T 和载荷矩阵 P，因此，对所有的成分建立模型时，结果并不是最优的，会降低模型的预测精度。当校正集样品组分浓度 Y 相差很大时，应用 PLS1 方法建立模型的预测效果会优于 PLS2 方法得到的结果。在近红外光谱分析中，如果不特别注明，一般 PLS 是指 PLS1 方法。

（1）间隔区间偏最小二乘法

由于全波段偏最小二乘法建模时含有较多噪声信息，为减少噪声对模型精度的影响，需要精确划分光谱波段。间隔区间偏最小二乘法是把样品的光谱划分为 21 ～ 24 个子区间，然后建立每个子区间的近红外光谱预测模型。当 $RMSECV$ 最小时，建立的模型就是最佳间隔区间偏最小二乘法模型，选择的光谱子区间是样品的最佳特征光谱子区间。

（2）反向区间偏最小二乘法

与间隔区间偏最小二乘法和全波段偏最小二乘法相比，反向区间偏最小二乘法是一种更为有效的波长筛选方法。该方法将整个光谱分为 21 ～ 24 个子区间，通过留一法，用剩下的（n-1）个光谱区间建立模型。当校正集模型 $RMSECV$ 最小时，剔除使模型预测效果最差的 1 个光谱子区间，然后对剩下的光谱子区间继续通过留一法，反复建模，直至剩下一个光谱子区间为止。从最后一个子区间起，$RMSECV$ 最小时选择的光谱区间即为筛选的反映指标信息的特征光谱区间。

2.2.3　光谱波长变量筛选算法

拉曼和近红外光谱通常具有数据量大的特点，两种光谱数据融合后的信息量会更大，容易造成无用信息量成倍增加，信息重叠严重，包含大量噪声信息，导致建立数学模型的速度变慢、效率降低，所以需要剔除光谱数据中影响模型预测能力的一些代表噪声等无用信息，从纷繁复杂的光谱信息中筛选有效信息作为建立多源光谱数据融合模型变量。

（1）竞争性自适应重加权采样

竞争性自适应重加权采样方法（CARS）是采用偏最小二乘（PLS）交叉验证建模，结合蒙特卡罗（MC）采样技术，根据 PLS 模型的交互检验均方差（*RMSECV*）值选择波长变量子集，*RMSECV* 值最小时选取对应的变量区间作为建模的特征变量。试验中 MC 采样区间设为 [1，100]，根据 PLS 模型的 10 折交互检验均方差（*RMSECV*）值选择波长变量子集。

（2）连续投影算法

连续投影算法（SPA）是一种前向变量循环选择方法，是在全波段光谱中进行特征变量选择的一种常用算法，最早由 Araujo 等提出，它通过计算分析向量的投影，目的在于找出信息最低不相关的变量组，可有效地消除原始光谱变量中的奇异值、共线性和噪声带来的影响，使特征向量成为最小共线性向量，这样即可在繁复的光谱信息中提取出有用信息，减少了建模所需的变量数，降低模型复杂度，提高计算时间和准确度[①]。

SPA 不同于传统两种波长变量的选择方法，即基于波长信息的准则和基于和模型性能有关的统计量的准则，它是一种全新的波长变量提取方法，它可以有效地压缩原始光谱变量，提出特征光谱波点，减少冗余信息对模型性能造成的影响[②]。

对于有 n 个样本，m 个光谱变量的校正集光谱矩阵 $X_{n \times m}$，设选择出的最佳特征变量组合个数为 SPA 的算法过程如下：

①初始计算时记 $s = 1$，然后在波长矩阵中随机选取列向量 x_j，可记为 $x_{k(0)}$，$k(0)$ 表示该变量的当前位置（$k(0) = j, 1 \leq j \leq m$），设其余的列变量位置集合为 t，则 $t = \left\{ j, 1 \leq j \leq m, j \notin \{ k(0), \cdots, k(H-1) \} \right\}$。

②对于 t 集合，计算 $x_j (j \in t)$ 对于 $x_{k(s-1)}$ 构成的垂直向量空间中的投影，若 P、I 分别代表投影算子和单位矩阵，则：

①　章海亮，罗微，刘雪梅，等. 应用遗传算法结合连续投影算法近红外光谱检测土壤有机质研究 [J]. 光谱学与光谱分析，2017，37（2）：584 — 587.

②　陈媛媛，王志斌，王召巴. 一种基于蝙蝠算法的新型小波红外光谱去噪方法 [J]. 红外，2014，35（6）：30 — 35.

$$P = I - \frac{x_{k(s-1)}\left(x_{k(s-1)}\right)^{\mathrm{T}}}{\left(x_{k(s-1)}\right)^{\mathrm{T}} x_{k(s-1)}} \qquad （2-32）$$

$$x_j = Px_j \qquad （2-33）$$

③选取$\arg\left[\max\left(Px_j\right)\right]$，$j \in t$，加入特征变量集合。

④令$s = s+1$，若$s<T$，则转到步骤二循环计算。

$k(0)$和T的选择对于 SPA 是至关重要的，因为光谱变量间存在的共线性，一般T不宜选择太大，会造成光谱投影全部为零的情况，对于循环过程中$k(0)$的选择，可通过 PLS 进行交叉验证分析，选出最小交叉验证均方根对应的$k(0)$，和小于等于T的实际特征变量个数[①]。

SPA 也有自己的不足之处，首先，若样本集的样品数量不够多，使用 SPA 虽然可以消除样品变量间的共线性，但由于建模样品不够代表性，可能会出现在验证其他样品时，模型的预测结果不够理想；其次，SPA 作为一种无监督的变量选择算法，其选出的变量不一定能正确地反映出待测性质的信息，但是 SPA 确实提供了一种可以减少建模变量和消除变量间的冗余性的特征变量选择方法。

（3）无信息变量消除法

无信息变量消除法（UVE）是一种新的光谱变量选择方法，其核心思想是除去对模型没有贡献量的变量，减少最终建模的特征变量数，降低建模复杂性，提高模型预测能力[②]。

我们假设样品的待测性质只有一个，设$X_{n \times m}$是光谱波长矩阵，$Y_{n \times 1}$是性质矩阵，则在 PLS 中有$Y_{n \times 1} = X_{n \times m}b + e$，其中，$b$是回归系数向量，$e$是误差向量，无信息变量消除法（UVE）用来衡量变量有效性的指标参数为回归系数向量的平均值服和标准偏差s的比值C，通常，UVE 将与反映待测变量信息有关的，误差小的特征变量称为有信息变量，反之，将与反映待测变量信息无关的，误

---

① 吴迪，吴洪喜，蔡景波，等. 基于无信息变量消除法和连续投影算法的可见–近红外光谱技术白虾种分类方法研究［J］. 红外与毫米波学报，2009，28（6）：423 – 427.

② 李倩倩，田旷达，李祖红，等. 无信息变量消除法变量筛选优化烟草中总氮和总糖的定量模型［J］. 分析化学，2013，41（6）：917-921.

差大的变量称为无信息变量。无信息变量消除法的主要思想是设定一个变量个数同为$X_{n×m}$大小的噪声矩阵，去除无信息变量的阈值却设定为该噪声矩阵中的噪声值$C_{噪声}$，一般的，我们将噪声设定为原变量的10^{-10}大小，这是为了减少加入的噪声对回归系数可能造成的影响[①]。

UVE 算法的主要过程如下：

①设n为校正集样品个数，m为原始光谱的波长点数，则令光谱矩阵$X_{n×m}$和性质矩阵$Y_{n×1}$通过 PLS 回归，计算出最佳主成分的数目。

②随机设定一个与光谱矩阵变量数目相同的噪声矩阵$R_{n×m}$，并将$R_{n×m}$加入$X_{n×m}$的后面得到新的矩阵$XR_{n×2m}$。

③每次使用交互验证法除去一个样本后，对$XR_{n×2m}$和$Y_{n×1}$进行 PLS 回归，即可得到一个回归系数向量b，这样共可得到n个回归系数向量，可组成矩阵$B_{n×2m}$。

④分别计算矩阵$B_{n×2m}$的列项标准差$S_{1×2m}$和平均值$me_{1×2m}$，然后计算每个变量的可靠度$C_i = me(i)/s(i), i = 1, 2, \cdots, 2m$。

⑤在区间$[m+1, 2m]$之间取C的最大绝对值$C_{max} = \max(abc(C))$。

⑥在区间$[1, m]$内除去波长矩阵$X_{n×m}$中有$C < C_{max}$的波长，然后将剩余的波长组成新矩阵X_{uve}，即为经 UVE 处理后得到的优化变量矩阵[②]。

2.2.4 模型精度评价指标

近红外光谱分析中，在建模之后需要对模型进行预测值精度和可信度验证，以判断模型的优劣和可用性，只有经过验证后的模型才具有实用意义。通过特定建模方法对近红外光谱进行模型构建，基本算法的差异、训练集的选取都会影响模型的最终效果。为了在不同的量化模型中选择效果更佳的模型，需要对已建立的模型进行效果的评判。因此需要一套合理的评价标准对模型的预

① 王泽涛. 基于偏最小二乘回归法的煤中硫含量近红外检测 [D]. 华北电力大学，2017.

② Fassott G，Henseler J，Coelho P S.Testing moderating effects in PLS path models with composite variables [J].Industrial Management &Data Systems，2016，116（9）：1887–1900.

测效果加以衡量。一般情况下，主要在预测能力、稳定性以及预测准确率方面对模型效果进行评价，本书对模型的效果评估将采用交互验证的校正标准偏差（*RMSECV*）、预测标准偏差（*RMSEP*）。

1. 相关系数

相关系数 *R* 是模型拟合程度的重要评价指标之一，是用于研究样本的预测值和真实值之间的线性相关程度。相关系数值越接近于 1，则说明相关度越强，回归或预测结果越好，一般认为，*R* 值在 0.5 ～ 1.0 之间，变量即具有强相关性。*R* 的计算公式如下：

$$R = \sqrt{1 - \frac{\sum_{i=1}^{n}(\hat{y}_i - y_i)^2}{\sum_{i=1}^{n}(y_i - \bar{y})^2}} \qquad (2-34)$$

其中，*n* 为样本数目，$\hat{y}_i$ 和 y_i 分别为样本集的第 *i* 个样本的预测值和真实值，$\bar{y}$ 为样本集中所有样本的真实值的平均值。

2. 交叉验证均方根误差

交叉验证均方根误差（*RMSECV*）是评价模型优良与否的重要指标，主要反映了当前建模方法是否可行以及模型的预测能力，在模型校正过程中使用交叉验证方法来计算误差值，计算公式如下：

$$RMSECV = \sqrt{\frac{\sum_{i=1}^{n}(\hat{y}_i - y_i)^2}{n-1}} \qquad (2-35)$$

其中，*n* 为校正集的样本数量，$\hat{y}_i$ 和 y_i 分别为校正集的第 *i* 个样本的预测值和实际值。

3. 预测均方根误差

预测均方根误差（*RMSEP*）主要是用来衡量建立的模型对除参与模型校正的校正集样本以外的其他同类样本的预测精度高低，预测均方根误差越小则表明所建模型对未参与建模的其他样本的预测精度越高，其公式如下：

$$RMSEP = \sqrt{\frac{\sum_{i=1}^{n}(\hat{y}_i - y_i)^2}{m-1}} \qquad (2-36)$$

其中，*m* 为预测集的样本数目，$\hat{y}_i$ 和 y_i 分别为预测集的第 *i* 个样本的预测值和实际值。

2.3 近红外光谱定量分析

2.3.1 近红外光谱定量分析过程与规范

在进行近红外光谱定量分析时，必须首先建立校正模型，即收集一定数量的建模样品，分析测定样品的近红外光谱和参考数据，通过化学计量学方法建立二者间的数学关系，得到回归方程。在建立近红外光谱预测模型后，必须对模型进行验证，应用一定数量的验证集样品（参考数据已知），测定近红外光谱，然后采用模型对样品的性质进行预测，并和已知的参考数据进行比较，通过统计学的方法对模型进行评估；模型通过验证后就可以用于对未知样品进行测定。在使用模型时，需要经常对模型性能进行监控，必要是进行模型维护。近红外定量分析模型是围绕着模型进行的，其过程就是建立模型、验证模型、使用模型和维护模型。

近红外光谱多元定量分析的过程可大致分为以下几个步骤。

1. 选择足够多的且有代表性的样品组成校正集

因为近红外光谱定量分析的特殊性，其建模样品所覆盖的范围决定了模型的应用范围，因此，必须选择足够多的且具有代表性的样品组成校正集。代表性是指能够最大限度地涵盖待测样品的范围。建模样品集采集与承载了所建模型可以适配的样品信息范围，在建立模型前，要决定是建全局模型还是局部模型。在建立实用的模型前，首先要考虑好模型的适用范围，是要建全局模型还是局部模型，然后再有针对性地收集且有代表性的样品，使样品覆盖尽可能多的信息。

2. 通过现行标准测定校正样品的组成或性质

收集完样品后，需要运用标准方法测定所建模型样品的各个组成或性质，这些测定值称为参比值，组成参比矩阵 C；参比值的测定一般选用国标法或常用的方法。近红外光谱分析以参比法为基础，属于二级分析，因此，参比方法的精确度与准确度是近红外光谱定量分析的前提基础，参比值的测定常受仪器状况和操作人员经验的影响，一定要尽量提高准确度和精确度。参比值测定后，便可以得到建立模型所需要的参比值矩阵，参比值矩阵采集与承载了建立限制性关系后模型需要的关系信息。

3. 测定样品的近红外光谱

样品准备好后，就可以用高精度、高分辨率的仪器与规范一致的测样条件，以及尽可能宽的谱区来扫描样品光谱。如果样品属于易挥发、易变化的样品，那么参比值的测定和其近红外光谱的扫描尽量要间隔时间短些。

采集光谱前，要首先预判待测量的信息能否在近红外谱区中体现，然后根据样品的性质确定应该采用哪种测量方式，是透射、漫反射、反射、还是漫反射，采用透射方式时样品池的光程，采用漫反射时的样品厚度等等都要事先确定好。并将仪器的工作方式、仪器的状态、仪器的分辨率、扫描的次数、扫描的波长范围；样品的状态（籽粒或粉末、粒度大小、均匀程度）、装样的松紧度以及环境参数等信息记录下来，这些信息都是模型的重要参数，影响模型的适配范围，预测分析未知样品时，光谱要在相同条件下采集。通过扫描样品光谱获得建模样品的光谱矩阵，光谱矩阵采集并承载了建立数学模型所需要的光谱信息与光谱测量参数的范围信息。

4. 采用定量校正方法建立数学模型

模型的建立即"信息的关联"过程，该过程是运用化学计量学方法，建立光谱矩阵与建模样品集的参比值矩阵之间的数学关系。近红外光谱分析过程是信息传递的过程。待测量的结构信息是分析过程最原始的信息，称为分析的原初信息，它决定了是否可能对样品进行近红外分析。原初信息通过光谱学过程加载到近红外光谱，称为光谱之中包含的应用信息；近红外分析过程后期的数据处理、信息提取等都是对光谱中应用信息的操作。

5. 用验证集样品对所建立模型稳健性进行检验

用验证集样品对所建模型是否适合分析待测样品进行验证，如果不适合则需要返回修正与优化模型；通过反复的验证与优化，直至模型与样品相适配为止。

6. 模型预测

模型建好后，如果有未知样品需要测定，则在建模光谱相同的条件下扫描待测样品的近红外光谱后，运用已建立的数学模型即可计算出未知样品待测量的近红外光谱预测值。

7. 模型更新与传递

若模型应用于分析其他新的样品或者在另一台仪器上应用，则模型需要适配性检验，并可能进行模型修正、传递工作。

2.3.2 校正集样品的选择

校正集是建立数学模型的基础，建模过程就是根据校正集样品的光谱和数据建立数学关系的过程。理想的校正集样品应具备以下要求。

（1）校正集样品的组成应包含以后未知样品所包含的所有化学组分。

（2）校正集样品的组成浓度范围应包含大于使用模型进行分析的未知样品的浓度范围变化情况。

（3）校正集样品的组分浓度在整个变化范围内是均匀分布的。

（4）校正集中具有足够的样品数以能统计确定光谱变量与浓度之间的数学关系。对于简单混合物而言，可以通过人工配置的方式满足上述要求，但对于复杂混合物而言，尤其是实际样品则很难完全满足上述要求，为了避免模型外推，通常采用统计方法判断未知样品是否位于校正集样品所涵盖的模型范围内。对于非理想状态的校正集样品而言，需要附加统计学依据，避免未知样品出现在模型范围之外以致预测出现误差。

针对理想校正集的前三项要求，分别采用以下 3 种统计学判断依据：

（1）光谱残差均方根（RMSSR）。如果未知样品中含有校正集中所没有的化学组分，那么未知样品的 RMSSR 会大于模型所给定的阈值范围。

（2）马氏距离。如果未知样品的组分浓度大于校正集样品的组分浓度，那么其马氏距离会大于模型给定的阈值范围。

（3）在建立模型时，进行校正集异常样品识别，避免出现不符合校正集要求的样品。

建立模型所需的校正集样品个数与被测分析样品的复杂程度有关。如果被分析样品中只有少数组分的浓度有变化，也就是说光谱变量较少，那么较少的校正集样品就足以确定光谱变量与浓度之间的关系；反之，如果被分析样品组分浓度变化复杂，那么建模需要较多的校正集样品数。只有在建立模型后才能了解建模所需的变量数（如多元线性回归中的光谱变量数，主成分回归或偏最小二乘法中的主因子数），从而进一步了解建模所需的校正集样品数。

如果建立模型需要 3 个以下的变量，那么在去掉异常点后，校正集中至少应该有 24 个样品。如果建立模型需要 3 个以上的变量，那么在去掉奇异点后，校正集中至少应该有 $6k$ 个样品为变量数，如果建模时使用了均值中心化，那么需要 $6(k+1)$ 个样品。

2.3.3　样品组成或性质的测定

建立校正模型所需的样品组成浓度或性质通常采用现行标准或传统方法进行测定。对于只含有少量组分的混合物，可以通过配置的方式得到校正集，但为了有效地减小对组分内部间成分之间的干扰，不能只变化某些组分的浓度，而是在未知样品可能的浓度范围内变化所有组分的浓度。另外，由于近红外光谱测定一般基于等体积，因此组成浓度的表达最好以体积为单位，以其他方式表达的浓度数据则可能产生非线性模型结果，从而造成准确度下降。

对于组分比较复杂的样品，如小麦、大豆等农作物和石油产品等，不可能配置校正集样品，因此必须通过现行标准或传统方法测得样品的浓度或性质。近红外光谱测定的准确性与标准或传统方法测定的准确性和精密度有关，近红外光谱预测值与标准值或传统方法测定值之间的一致性不会好于标准或传统方法的重复性。标准或传统方法的精密度数据对于近红外光谱建模尤其重要，可以通过反复测定取平均值的方法提高参比数据的精密度。

对于易挥发或降解的样品，如汽油样品，在模型建立时应注意，在取样后必须及时测定参比数据和近红外光谱，以免样品组成变化影响校正模型的准确性。

校正集、验证集和未知样品的近红外光谱测定必须采用同一方式，否则会给校正带来误差。

2.3.4　建立数学模型

1. 定量校正的可行性

建立近红外光谱定量分析模型是一个烦琐的过程，包括大量样品的收集和基础数据的测定，以及校正模型的建立与验证。在某些情况下，特别是在开发新的应用领域时，首先需要知道在近红外光谱与预测数据之间是否存在显著的数学关系，或者所建立的模型能不能满足实际应用的需要。先建立一个相对简单的数学模型进行可行性研究，如果可行的话，再进一步扩充样品范围，建立一个更加稳健的预测模型，以避免在不可行的情况下花费大量的人力物力建立数学模型。

进行定量校正模型的可行性研究需要 30 ～ 50 个样品，这些样品的组成或性质应该覆盖分析样品的组成或性质的整个变化范围，该范围最好是参考分析方法再现标准偏差的 5 倍以上。同时，要注意主要组分之间不能有组内相关性，除非预计分析的样品有这种相关性。测定样品光谱时要注意样品的粒度和物理状态要和待分析样品保持一致。如果待分析样品缺少存在着样品状态的变化，那么进行可行性分析时就需要采集同一样品不同状态的近红外光谱。

2. 校正模型的建立

建立校正模型一般包括以下步骤。

（1）光谱数据预处理。

（2）光谱区间的选择。

（3）建立数学模型。

（4）对模型进行统计评价以及优化。

（5）模型的异常点统计检验。

在近红外光谱定量分析中，数据预处理、光谱区间的选择、建立数学模型方法较多，同时包含很多参数，判断方法和参数对某一应用是否适用的原则是模型精度满足要求和模型通过验证。因此，建模过程实际就是这些方法和参数的筛选过程，筛选的依据就是模型的精度大小和验证结果。

在建立多元线性回归、主成分回归和偏最小二乘法模型时，需要确定模型所需的变量数，这是建模的关键步骤。如果采用的变量数过少，那么模型的精度不够；而如果采用较多的变量，则不能得到稳定的模型，即模型地过拟合，光谱噪声的变化对预测结果会有明显的影响作用。关于如何确定模型中所用的变量数并没有固定的规则，主要看模型的精度是否满足要求以及模型是否通过验证。

建模所需的最大变量数与样品中可检测的、光谱可识别的组分数有很大的关系。所谓可检测和光谱可识别是指组分之间浓度不相关，并且校正集的宁都引起的光谱变化大于光谱噪声。对于复杂样品而言，建模所需的最大变量数往往小于实际组分数。

参考方法的精度可用于评估模型到底需要多少变量数。近红外光谱预测值与实际值之间的一致性不可能超出参考方法的重复性。这是因为即使近红外光谱分析方法得到的是真实值，参考方法的误差仍然会影响他们之间的一致性。校正集的标准偏差不可能小于参考方法的重复性标准偏差，如果校正集标准偏差小于参考方法的重复性标准偏差，那么说明在该变量下，模型出现了过训练的情况，即光谱噪声参与了模型的建立，从而使得模型不稳健。

可以采用交互验证的方法确定建模所需的最佳变量数。采用不同变量数进行交互验证时，计算不同变量数时的 *PRESS* 值和 *SECV* 值。一般从一个变量数进行开始计算，直到预设的最大变量数就是模型的最佳变量数。如果几个变量

数的 *PRESS* 值或 *SECV* 值相近时，则取最小的变量数。

以 *PRESS* 值或 *SECV* 值为 *y* 轴，以变量数为 *x* 轴作图，最小 *PRESS* 值或 *SECV* 值对应的变量数就是校正模型的最佳变量数。如果没有最小值时，那么 *PRESS* 值或 *SECV* 值接近常数的第一个点对应的变量数就是最佳变量数。另外，比较 *SECV* 值与参考方法的重复性标准偏差，如果 *SECV* 值明显小于重复性标准偏差，说明在对应的变量数下出现了过拟合现象，应当取比较小的变量数。确定最佳变量数的方法仅仅是指导性的方法，最终选取多少变量数还要取决于哪个变量能使模型达到预期精度并通过验证。

评价校正模型性能的统计学指标有很多，主要有校正标准偏差（*SEC*），即校正集样品的近红外预测值与参考值的标准偏差，*SEC* 主要用于建模时采用不同变量数时所能达到的理论作家准确度。*SEC* 的计算公式如下：

$$SEC = \sqrt[2]{\frac{(\bar{y}-y)^{t}}{d}} \qquad (2-37)$$

式中，$\bar{y}$ 为校正集样品的预测值，y 为校正集样品的实际值，d 为校正集模型的自由度，一般 $d = n-k$，n 为校正集样品数，k 为变量数（对多元线性回归而言，是选用的波长数；对主成分回归而言或偏最小二乘而言，是主成分数）。如果在预处理中采用了均值中心化，则 $d = n-k-1$。

3. 异常点统计检验

（1）建模时的异常点检测

建模过程中有两个异常点，一种是与校正集中其他样品比较，该样品组分浓度比较极端。由于该样品的存在，使得校正集不能满足理想校正集的第三条要求，因此影响模型预测的准确度。另一种异常点是通过模型得到的预测值与参考方法得到的实际值有着显著性差别。产生该异常点的原因有两种：一是该样品的参考测量值有误，在测定参考值时出现较大的误差，其误差范围超出了标准规定的范围；二是模型不能用于该样品的测定。

第一类异常点可以通过马氏距离值来检测。马氏距离值的计算如下：

$$MD = \boldsymbol{x}^{\mathrm{T}}\left(\boldsymbol{X}\boldsymbol{X}^{\mathrm{T}}\right)^{-1}x \qquad (2-38)$$

式中，$\boldsymbol{x}$ 为光谱向量；$\boldsymbol{X}$ 为校正集光谱矩阵。如果在校正方法使用的是 MLR，那么马氏距离的计算公式如下：

$$MD = \boldsymbol{m}^{\mathrm{T}}\left(\boldsymbol{M}\boldsymbol{M}^{\mathrm{T}}\right)^{-1}m \qquad (2-39)$$

式中，m 为中选波数的吸光度向量，M 为校正集中选择波数的吸光度矩阵。如果校正方法使用的是 PCR 或 PLS，那么马氏距离的计算如下：

$$MD = s^{\mathrm{T}}\left(SS^{\mathrm{T}}\right)^{-1}s \qquad (2-40)$$

式中，s 为得分向量，S 为校正集得分矩阵。

校正集样品的平均马氏距离为 k/n，其中 k 为回归变量数（对 MLR 方法为选择的光谱变量数，对 PCR 或 PLS 方法则为主成分数），n 为校正集样品数。如果某个样品的 $MD > 3k/n$，那么该样品就是校正集中第一类异常点，应当在建模过程中予以剔除，以免影响模型的准确性。

剔除 $MD > 3k/n$ 的异常点后，重新建立模型，一般还会出现 $MD > 3k/n$ 的异常点。如果在异常点剔除过程中不断出现新的异常点，称之为滚雪球现象，其主要原因是校正集光谱数据结构有问题，存在异常分布或聚类情况。

如果出现下列情况，那么异常点检测可以适当放宽：①首先建立一个初始模型；②剔除 $MD > 3k/n$ 的异常点；③采用剩下的光谱建立第二个模型，模型的变量数仍为 k；④仍然有 $MD > 3k/n$ 的异常点出现。这时如果样品的 MD 都不超过 0.5，那么可以使用第二个模型而不用进一步剔除异常点。

第二类异常点可以通过 t 检测的方式进行检测。t 检测的计算公式如下：

$$t_i = \frac{e_i}{SEC\sqrt{1 - MD_i}} \qquad (2-41)$$

式中，e_i 为第 i 个样品的预测值与参考方法测定值之间的差值；SEC 为校正集标准偏差；MD_i 为第 i 个样品的马氏距离。如果 t_i 大于自由度为 $n-k$ 的 t 临界值，那么第 i 个样品为第二类异常点。

显著水平 $\alpha = 0.05$ 下的临界 t 值见表 2-1。

表 2-1　显著水平 $\alpha = 0.05$ 下的临界 t 值

自由度	t	自由度	t
1	12.706	24	2.064
2	4.303	25	2.060
3	3.182	26	2.056

自由度	t	自由度	t
4	2.776	27	2.052
5	2.571	28	2.048
6	2.447	29	2.045
7	2.365	30	2.042
8	2.306	31	2.040
9	0.262	32	2.037
10	0.228	33	2.035
11	2.201	34	2.032
12	2.179	35	2.030
13	2.160	36	2.028
14	2.145	37	2.026
15	2.131	38	2.024
16	2.120	39	2.022
17	2.110	40	2.021
18	2.101	41	2.020
19	2.093	42	2.018
20	2.086	43	2.017
21	2.080	44	2.015
22	2.074	45	2.014
23	2.069	∞	1.960

　　如果检测出第二类异常点，那么说明参考测量方法的结果可能有误。需要重新测定参考值，如果参考值没有错误，那么说明模型可能不适合这类样品，有可能光谱需要预测的浓度或性质没有响应，或者存在严重影响浓度或性质的物质，而光谱对这类物质没有响应。

（2）分析时的异常点检测

对于所有通过建立模型而进行预测的方法而言，未知样品都必须在模型覆盖的范围内，这样才能保证模型预测的准确性。由于不可能存在覆盖所有样品的校正集，因此需要在分析时进行异常点检测，以避免模型外推。分析时有两种可能的异常点：一种是分析样品中组分浓度超出了校正集样品组分浓度范围；另一种是分析样品中含有校正集样品中所没有的组分。

对于第一种异常点，可以通过马氏距离来进行推测。如果分析样品的马氏距离大于校正集样品的最大马氏距离，那么说明分析样品已经不在校正集的范围之内。

对于第二种异常点，可以通过光谱残差均方根（$RMSSR$）来检测。首先对校正集光谱矩阵进行主成分分解，用一定的主因子数来表达光谱，然后用得分和载荷来拟合光谱，计算拟合光谱有实际光谱的差值。$RMSSR$ 的计算如下：

$$RMSSR = \sqrt{\frac{rr^T}{f}} \qquad （2\text{-}42）$$

式中，r 为拟合光谱与实际光谱的差值向量；f 为光谱向量的长度。计算校正集样品 $RMSSR$ 的最大值$RMSSR_{max}$。$RMSSR_{max}$ 不能直接作为鉴别异常点的阈值。这是因为在主成分分解过程中引入了一些光谱误差，校正集光谱的 $RMSSR$ 值比较低。因此，在确定 $RMSSR$ 阈值时还要考虑不在校正集中的光谱。

在校正集样品中至少选择 3 个样品，重复测定它们的近红外光谱谱图。谱图的重复测定要包含测定谱图的所有步骤。这些谱图用于进行校正集的主成分分析，计算其 $RMSSR$ 值，即为$RMSSR_{cal}$。用主成分分析结果拟合其他重复谱图的结果，计算 $RMSSR$ 值，对同一样品取平均值，得到$RMSSR_{anal}$。则 $RMSSR$ 的阈值计算如下：

如果未知样品的 $RMSSR$ 值大于$RMSSR_{limit}$，那么该样品为第二类异常点。

除了上述两类异常点外，在应用模型进行近红外光谱分析时还应注意，如果分析样品位于校正集分布比较稀疏的地方也可能带来预测误差。一般采用最近邻距离来检测这类样品。最邻近距离（NND）是指分析样品的光谱与校正集单个光谱之间的距离最下值：

$$NND = \min\left[(x - x_i)^T (XX^T)^{-1} (x - x_i)\right] \qquad （2\text{-}43）$$

对于 MLR、PCR 或 PLS 方法而言，则分别用选的光谱变量或得分代替上

式中的 X。计算所有校正集样品的 NND，得到校正集样品 NND 的最大值，如果被分析样品的 NND 大于该最大值，那么该样品位于校正集样品分布比较稀疏的地方，为最近邻异常点。

2.3.5　模型验证

近红外光谱分析要求在建模之后进行验证以确保模型的可用性。模型验证的基本标准是采用模型对一组已知参考值的样品进行预测，将预测结果与参考值进行统计分析。

1. 验证集样品的选择

对于多元校正而言，理想的验证集样品应具备以下条件。

（1）包含待测样品所包含的所有化学组分。

（2）化学组分的浓度变化范围与待测样品相同。

（3）化学组分的浓度变化是均匀的。

（4）包含足够多的样品数量以便进行统计检验。

对于简单样品而言，可以通过配制的方式建立验证集，但是对于复杂样品，这些要求其实是很难实现的。

验证集样品的个数取决于模型的复杂程度。只有在模型覆盖范围之内的样品才能作为验证集样品。如果模型采用了 5 个以下变量，那么验证集至少需要20 个样品；如果模型的变量数超过了 5 个，那么验证集的样品数至少为 $4k$，k 为模型的变量数（PCR 或 PLS 中的主因子数）。

验证集样品的浓度或性质范围至少覆盖校正集样品的浓度或性质范围的95%，并且尽量均匀分布。其光谱变量也应当至少覆盖整个校正集样品的光谱变量区间范围的 95%。如果发现验证集样品不能满足上述要求，则需要进一步添加验证集样品。

2. 验证集光谱的测定与分析

应当完全按照校正集样品的光谱测量方式测定验证集光谱。参考值的测定也应与校正集样品采用同一种方法。采用已建立的模型预测验证集样品的性质。

3. 验证结果的统计检验

（1）验证集预测标准偏差（SEV）。

$$SEV = \sqrt{\frac{(\bar{y} - y)^t}{m}}^2 \qquad (2-44)$$

式中，$\bar{y}$为验证集样品的预测值，y为验证集样品的实际值，m为验证集样品的个数。

（2）验证集偏差的显著性检验

采用t检验的方式检验验证集预测值与参考方法测定值之间有无显著性差别。首先进行检验假设：近红外光谱分析方法结果与标准分析方法（参考方法）结果间无系统误差（近红外光谱分析方法得到的结果是准确的），那么两种分析方法测定值之间差值的平均值$\bar{d}$与 0 之间无显著性差异，$\bar{d}$ =0。计算t检验统计量。

$$t = \frac{\bar{d} - 0}{S_d / \sqrt{m}} \qquad (2-45)$$

式中，$\bar{d}$为两种分析方法测定值之间差值的平均值，S_d为两种分析方法测定值之间差值的标准偏差，m为测定样品数。

如果显著水平α，有$|t| < t_{(m-1,\alpha)}$，说明假设是正确的，两种方法测定结果没有显著性差别。α = 0.05的临界t值见表 2–1。

（3）近红外光谱分析方法与参考方法之间的一致性检验。

近红外光谱分析方法与参考方法之间的一致性检验有两种方法。其中一种是计算验证集样品的置信区间$t \times SEC \times \sqrt{1 + MD}$（其中$t$为自由度$d$为的$t$值分布值），然后考察参考文芬值位于$\bar{y} - t \times SEC \times \sqrt{1 + MD}$到$\bar{y} + t \times SEC \times \sqrt{1 + MD}$区间内的验证集样品数，如果在该范围内的验证集样品数超过总样品数的95%，那么模型通过一致性检验。

另一种方法是考察参考分析值位于$\bar{y} - R(\bar{y})$至$\bar{y} + R(\bar{y})$区间内的样品数，其中$R(\bar{y})$参考分析方法在$\bar{y}$处的再现性。如果该范围内的验证集样品数超过总样品数的95%，那么模型通过一致性检验。当参考分析方法的精密度在整个校正集浓度或性质范围内不是均匀分布时，这种方法更为适用。

2.3.6　近红外光谱分析方法的精密度计算

通过重复测定光谱的方式计算近红外光谱分析模型的精密度。选择用于重复测量的样品数必须大于所采用的变量数，并且不少于 3 个。用于光谱重复测量的样品的浓度或性质必须覆盖模型浓度或性质的范围的 95%，每个样品至少测量 6 张近红外光谱谱图。采用模型对每张光谱进行计算，计算每个样品预测值的平均值和标准偏差。假设 y_{ij} 是第 i 个样品的第 j 个光谱，第 i 个样品总共测定了 r_i 个光谱，那么第 i 个样品的预测平均值为：

$$\bar{y}_i = \frac{\sum_{i=1}^{ri} \bar{y}_{ij}}{r_i} \tag{2-46}$$

重复测定的标准偏差计算公式如下：

$$\sigma_i = \sqrt{\frac{\sum_{i=1}^{ri} \left(y_{ij} - \bar{y}_j\right)2}{r_i - 1}} \tag{2-47}$$

用 x^2 检验来考察这些重复性标准偏差是否属于同一总体。其中，z 为进行重复测量的样品数。将得到的 x^2 值与自由度为 $z-1$ 的临界值进行比较，如果 x^2 小于临界值（表 2-2），那么重复测定的所有方差属于同一总体，标准偏差的平均值 σ 可以作为近红外光谱测定的标准偏差，近红外光谱分析方法的重复性为 $z \times \sqrt{2} \times \sigma$。如果 x^2 值大于临界值，那么近红外光谱分析方法的重复性随样品组分浓度的不同而不同，近红外光谱分析方法的重复性不大于 $z \times \sqrt{2} \times \sigma_{max}$（$\sigma_{max}$ 为 σ_i 中的最大值）。

表 2-2　95% 置信水平下 x^2 临界值

自由度（$z-1$）	x^2	自由度（$z-1$）	x^2
1	3.84	11	19.68
2	5.99	12	21.03
3	7.81	13	22.36
4	9.49	14	23.68
5	11.07	15	25.00
6	12.59	16	26.30
7	14.07	17	27.59
8	15.51	18	28.87

自由度（$z-1$）	x^2	自由度（$z-1$）	x^2
9	16.92	19	30.14
10	18.31	20	31.41

2.3.7 校正质量控制

采用近红外光谱分析方法分析样品浓度或性质时，需要定期对模型和仪器进行检测，以保证分析质量。采用参考方法分析某样品的浓度或性质，然后用该样品对分析质量进行监控。将近红外光谱分析方法得到的结果与参考分析值进行比较，如果参考分析值位于近红外光谱分析值的置信区间内，那么认为该两种分析方法的结果是一致的，模型是有效的。

同时，也可以使用质控样品 QC 进行分析质量的监控。质量控制样品在建模时就已确定，该样品满足如下要求。

（1）化学物理性质与待分析样品接近，以避免对待分析样品的污染和潜在的安全隐患。

（2）必须具有化学稳定性，以便于保存。如果采用的是混合物，那么混合物的组成必须已知并且该混合物可以重新制备。

（3）光谱必须尽可能和模型中的光谱相似（质控样品可以不在模型范围内），其吸收必须在仪器的线性响应范围之内。

在测定校正集和验证集光谱时，以固定的间隔测定质量样品的光谱，测量方式与其他样品完全相同，每次测定都要取用新的样品，至少测定 20 次质控样品的光谱。用校正集模型对质控样品的光谱进行预测，计算其预测值的平均值和标准偏差，并用狄克勋检验剔除异常点。在进行常规分析时，定期测定质控样品的浓度或性质，将得到的结果与平均值进行比较，其预测值应当在一定的范围内。如果预测值超出了上述范围，那么意味着仪器性能出现了变化，模型可能不在适合测定未知样品。

2.3.8 模型更新

在近红外光谱分析过程中，有时需要向现有模型中添加新的样品以扩展模型的应用范围。新的样品可能具有与原有校正集样品不同的浓度或性质，也可能含有原校正集样品所没有的组分，也就是说新样品为无法通过原有模型的异常点检验（即马氏距离或预测残差均方根超过模型阈值）的样品。

在进行模型更新时，需要重新进行异常点检验，如果只添加一个代表新范围或新类型的样品，那么新样品可能作为异常点被剔除，因此要求每一类型的新样品添加多个。

如果进行了模型更新则需要重新进行验证过程。对模型更新验证集的要求与新建模型时采用的验证集相同，原有的验证集样品可以用于新模型的验证，但是必须补充代表新范围或新类的样品，新样品在验证集中所占比例必须不小于其在校正集中所占的比例。

2.3.9　近红外分析方法的误差来源及解决方案

近红外光谱分析方法的误差来源共分为 4 类：光谱测量误差、采样误差、校正误差和分析误差。下面列出了可能的误差来源和可能的解决方案。

1. 光谱测量误差

（1）误差来源：仪器性能变差；光谱吸收超过仪器线性响应范围；光学元件污染

（2）解决方案：定期检测仪器性能的变化；采用质量控制样品检测仪器性能；测定仪器线性响应范围；选择光谱吸收没有超出仪器线性响应范围的光谱区间进行校正；检查窗口等部件，清除污染。

2. 采样误差

（1）误差来源：样品不均匀；样品的化学性质随时间发生变化；液体样品有气泡。

（2）解决方案：在样品制备过程中改进样品混合方式；炎魔样品使颗粒粒度小于 40；多次装样取平均；旋转样品；从大体积样品中取多个部分进行测量；冷冻干燥保存样品，在样品制备完毕后立刻进行测量和分析；检查样品压力要求；引入样品时注意样品池内的液体状态。

3. 校正误差

（1）误差来源：光谱要对建模的浓度或性质不敏感；校正集样品数量不足；校正集中存在异常点；参考数据错误；非比尔定律关联（由于组分互相干扰而

引起非线性）；由于仪器响应而引起的非线性；对基线偏移等因素敏感；录入错误。

（2）解决方案：改换对浓度或性质敏感的光谱区间；按要求建立校正集；采用异常点检验方法除去光谱异常点或添加新的样品；除去参考数据异常点或重新进行测定；重复分析集样，考察分析精密度；纠正分析误差，提高分析质量；考察并重新校验试剂、仪器等；在更窄的浓度范围内建立模型；检查仪器的胴体响应范围，尝试使用短光程；对数据进行预处理以消除影响；交叉或反复检查数据。

4.分析误差

（1）误差来源：校正模型性能差；仪器性能差；模型传递效果差；样品不在模型范围内。

（2）解决方案：用有代表性的验证集样品验证模型；用质量控制样品检验仪器或模型性能；通过仪器性能检测方法对仪器进行诊断；对模型传递和仪器标准化过程进行验证；选择对仪器噪声、波长漂移和谱图漂移不敏感的校正方法；采用异常点检验技术检测样品是否存在模型范围内。

第3章 拉曼光谱检测技术

3.1 拉曼光谱技术的分类

随着光学仪器的发展、激光技术和纳米技术的成熟，拉曼光谱产生了多种不同的分析技术，其目的是获取特定的拉曼信息、提高检测灵敏度和空间分辨率等。近年来，如傅立叶变换拉曼光谱（Fourier Transform Raman spectroscopy，FT-Raman）、激光共振拉曼光谱（Resonance Raman Spectroscopy，RRS）、表面增强拉曼光谱（Surface Enhanced Raman Spectroscopy，SERS）、空间偏移拉曼光谱（Spatially Offset Raman Spectroscopy，SORS）和共聚焦显微拉曼光谱（Confocal Micrographic Raman Spectroscopy，CMRS）等技术被广泛应用于各个领域。

3.1.1 傅立叶变换拉曼光谱技术

1964年，Chantry等[1]首次提出将拉曼技术与傅立叶变换技术结合的设想并进行了实验，但未引起广泛注意。1986年，Hirschfeld和Chase[2]在技术上实现了傅立叶变换拉曼光谱（FT-Raman），并预言该技术可能是色散型可见拉曼光谱技术的竞争对手。1987年，PerkinElmer公司推出了第一台近红外激发

---

[1] Chantry G W, Gebbie H A, Helsum C. Fourier transform Raman spectroscopy of thin films[J]. Nature, 1964, 203: 1052.

[2] Hirschfeld T, Chase B. FT–Raman spectroscopy: development and justification[J]. Appl Spectrosc, 1986, 40（2）: 133.

傅立叶变换拉曼光谱（NIR–FT–Raman）商品仪。从此，傅立叶变换拉曼光谱技术在生物、化学和医学等领域的非破坏性结构分析方面占据重大地位。FT–Raman 采用傅立叶变换干涉仪采集信号，拉曼散射光经干涉仪进入探测器，获得干涉图，通过傅立叶变换得到拉曼光谱。典型的傅立叶变换拉曼光谱仪的基本光路如图 3-1 所示 ①，主要由激光光源、样品室、迈克尔逊干涉仪（简称迈氏干涉仪）、特殊滤光器与检测器组成。激光器采用 Nd–YAG 钇铝石榴石激光器，其激发光波长为 1.064 μm。样品室中带有小孔的抛物面会聚镜能收集更多的拉曼散射信号。干涉仪主要包括分束器、定镜和动镜。其中分束器是一种半反射半透射膜片，它能使大约一半的光束通过，而将另一半光束反射回去。动镜可以在水平方向移动。特殊滤光器主要用于将瑞利散射光滤掉，常采用 1 ～ 3 个介电干涉滤光器组合而成。检测器通常为液氮冷却的锗二极管或铟镓砷探头，该检测器对近红外响应较好。

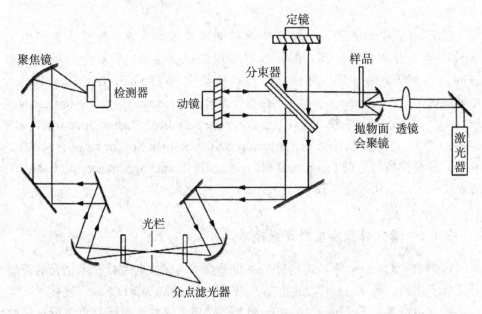

图 3-1 FT-Raman 的基本光路图

　　从整个光路可以看到，激发光经聚焦后，穿过抛物面镜中心的小孔到达样品位置，被试样散射后，整个 180° 内背散射的信号由抛物面镜聚焦后进入迈

① 闻再庆. 傅立叶变换拉曼光谱及其在化学中的应用 [J]. 化学通报，1990，（1）：45-47.

氏干涉仪。经干涉仪调制后的信号通过特殊滤光器，除去瑞利散射信号，只让拉曼散射信号聚焦到检测器。检测到的拉曼散射信号经前置放大，A/D 转换，傅立叶变换后，以常见拉曼光谱形式呈现。

傅立叶拉曼光谱把近红外激光（1046nm）作为激发光源，一方面，因为荧光现象是拉曼光谱最大的干扰因素，而荧光大都集中在可见光谱区域，因此采用 1064nm 的近红外激发光源可有效地消除荧光背景；另一方面，1064nm 的近红外激发光源的能量低，产生的热效应小，可测试 90% 的化合物，从而进行拉曼光谱分析。傅里叶变换拉曼光谱技术中，迈氏干涉仪以激光频率为基准，使得 FT-Raman 的光谱频率精度大大提高；迈氏干涉仪的动静距离决定傅立叶变换拉曼光谱仪的分辨率，增加动镜移动距离可以提高 FT-Raman 光谱的分辨率。另外，因为近红外线在光导光纤中具有较好的传递性能，所以傅立叶变换拉曼光谱技术在遥控测量中有非常好的应用前景。同时，FT-Raman 光谱技术也存在一些问题：①因光学过滤器的限制，在低波数区的测量性能不如色散型拉曼光谱技术；②水在近红外光谱区有吸收，因此 FT-Raman 光谱技术在测量水溶液时会受到一定的影响。

3.1.2 激光共振拉曼光谱技术

20 世纪 70 年代，激光技术的发展推动了拉曼光谱技术的发展和应用，与早期的汞弧灯源相比，激光具有更好的单色性、方向性，且强度很大，成为拉曼光谱最理想的光源，因此绝大部分的拉曼光谱仪的光源采用的是激光器。共振拉曼光谱（RRS）是基于共振拉曼效应发展起来的一种激光拉曼技术。共振拉曼效应是由于激发光频率落在散射分子某一电子吸收带之内而产生的，由于电子吸收带往往比较宽，因此按激发光频率与电子吸收带的相对位置分为预共振拉曼效应、严格共振拉曼效应和过共振拉曼效应。当激发光频率进入吸收带内，但未落在吸收线半宽度内时，产生的拉曼效应为预共振拉曼效应。当激发光频率落在物质某一电子吸收带的半宽度内时，产生的拉曼效应为严格共振拉曼效应。同理，超过了电子吸收带的半宽度，并达到了电子吸收带的另一边时，产生的拉曼效应为过共振拉曼效应。当激发光的频率与待测分析物分子的某个电子吸收峰接近或重合时，这一分子的某个或几个特征拉曼谱带强度可达到正常拉曼谱带的 $10^4 \sim 10^6$ 倍。有些物质的普通拉曼光谱中倍频或组频强度约为基频的 1%，而在共振拉曼光谱图中，同一分子各种拉曼线强度增加不同，其中倍频与组频的强度显著增加，倍频可以达到几乎接近基频的强度，故可以在光谱图中呈现更丰富的光谱特征信息，从而克服了常规拉曼灵敏度低的缺点，并具有所需样品浓度低、反映结构的信息量大等优点。

结合不同的处理，共振拉曼光谱技术可以应用于气体、液体和固体样品的检测。对于气体状态的拉曼介质，在低气压下，直至一个大气压为止，通常都是存放于硬玻璃或石英玻璃容器中，窗口的形状多为圆柱形或矩形，容积大小为 1 ~ 1000mL。对于液体样品，选择合适的焦距（4 ~ 10cm），激光束被聚焦于拉曼池即可。对于固体样品，无须采样配件，激光光源被直接入射到样品即可。

相对于普通拉曼光谱技术，激光共振拉曼光谱对光源提出了更高的要求：①光源的波长可调，为了选择任意的激发频率，至少在可见和近紫外光谱区（200 ~ 800nm）可调谐。②为了保证激发源谱线的单色性，光源的谱线宽度要尽可能窄。③激发光源要具有一定的强度和高度的会聚性，减少样品对散射光的吸收损耗。④光谱分析器包括单色器和接收器具有高的灵敏度和分辨率。目前，满足上述条件的可调谐激光器的成本比较昂贵，相关的激光技术有待于进一步发展。

3.1.3 表面增强拉曼光谱技术

拉曼散射效应是一个非常弱的过程，一般能接收到的散射信号的强度仅约为入射光强的 10^{10}，导致检测灵敏度很低，再加上荧光背景的干扰等，增加了拉曼光谱技术在分析痕量物质时的难度。而表面增强拉曼光谱（SERS）技术相比于拉曼光谱具有更高的分辨率和灵敏度，它能够使待测分子信息增强几百万倍甚至更大数量级，因此表面增强拉曼光谱技术成为拉曼光谱研究的热点。

1974 年，Flesichmann 等[1]首次在吡啶吸附的粗糙表面的银电极上发现吡啶的拉曼信号增强了 10^6 数量级，为表面增强拉曼散射的提出奠定了实验基础。表面增强拉曼光谱被定义为，当分子吸附在金、银和铜等金属或金属氧化物等纳米胶体、纳米粒子表面上时，物质的拉曼信号峰会得到增强的现象。拉曼光谱的强度主要取决于入射电场的强度及极化率的变化，这两个方面的提高也就是表面增强拉曼的两种基本机理——电磁场增强和化学增强。

$$I_{\text{SERS}} \propto \left[\left| \vec{E}(\omega_0) \right|^2 \left| \vec{E}(\omega_S) \right|^2 \right] \sum_{\rho,\sigma} \left| \left(\alpha_{\rho,\sigma} \right)_{fi} \right|^2 \qquad （3-1）$$

---

① Fleischmann M, Hendra P J, McQuillan A J. Raman spectra of pyridine adsorbed at a silver electrode [J]. Chemical Physics Letters，1974，26（2）：163–166.

式中，$E(\omega_0)$ 和 $E(\omega_S)$ 分别为频率 ω_0 的表面局域光电场强度和频率 ω_S 的表面局域散射光电场强度；ρ 和 σ 分别为分子所处位置的激发光的电场方向和拉曼散射光的电场方向；$(\alpha_{\rho,\sigma})_{fi}$ 是某始态 $|i>$ 经中间态 $|r>$ 到终态 $|f>$ 的极化率张量，可以表示为：

$$(\alpha_{\rho,\sigma})_{fi} = \frac{1}{\hbar}\sum_{r \neq if}\left\{\frac{<f|\mu_\rho|r><r|\mu_\sigma|i>}{\omega_{ri}-\omega_0-i\Gamma_r} + \frac{<f|\mu_\sigma|r><r|\mu_\rho|i>}{\omega_{rf}+\omega_0+i\Gamma_r}\right\} \qquad (3-2)$$

式中，i、r 和 f 分别表示光子的始态、中间态和终态；ω_{ri} 和 ω_{rf} 分别表示光子从始态到中间态的频率和从中间态到终态的频率；$\hbar$ 为能量；$<f|\mu_\rho|r>$、$<r|\mu_\rho|i>$ 分别为中间态 $|r>$ 到终态 $|f>$ 的入射光跃迁算符和始态 $|i>$ 到中间态 $|r>$ 的入射光跃迁算符；$<f|\mu_\sigma|r>$、$<r|\mu_\sigma|i>$ 分别为中间态 $|r>$ 到终态 $|f>$ 的散射光跃迁算符和始态 $|i>$ 到中间态 $|r>$ 的散射光跃迁算符。Γ_r 为态 r 的阻尼常数。

式（3-2）前半部分表明，入射与散射光的局域电场强度越大，拉曼信号强度也越大，这来自物理增强机理的贡献，通常归因于电磁场增强（Electromagnetic Mechanism，EM）机理。式（3-2）后半部分表明，体系极化率 $(\alpha_{\rho,\sigma})_{fi}$ 越大，则相应拉曼信号的强度也越大，这是 SERS 化学增强（Chemical Enhancement，CE）机理的贡献。它是由于分子和表面之间的化学作用，增大了体系的极化率。

极化率的变化主要来自金属表面吸附的分子与金属的化学键效应和电荷转移效应。化学键效应主要来自金属表面吸附的分子与金属表面本身的相互作用（复合、成键），增强因子的贡献可达 10^3，电荷转移效应在吸附分子与金属之间发生电子激发时产生，增强因子的贡献为 $10 \sim 10^4$。入射电场强度的增强主要来自局域等离子体共振的激发，这一机理是表面增强拉曼效应的主要增强因素，它主要可以通过设计 SERS 基底相应的结构来调谐和操纵增强能力，电磁增强是由在基底上纳米结构（随机或有序）的局域表面等离子体共振介导的。增强因子的贡献可以达到 10^8 或者更高。

表面增强效应与纳米基底有关，能够产生 SERS 效应的金属粒子尺寸需小于激发光的波长。粒子尺寸过大或者过小都会影响信号的增强。SERS 的尺寸效应用下面的公式进行解释。在真空条件下，金属小球的极化率为：

$$\alpha = R^3 \frac{\varepsilon - 1}{\varepsilon + 2} \tag{3-3}$$

式中，R为球体半径；ε为介电常数。将自由电子模型中介电函数表达式代入式（3-3），并对带间跃迁做微小修改，可得到式（3-4）：

$$\varepsilon = \varepsilon_b + 1 - \frac{\omega_p^2}{\omega^2 + i\gamma} \tag{3-4}$$

式中，ε_b为带间跃迁对介电函数的贡献；ω_p为金属的等离子共振；ω为介质传播频率；γ为电子散射速率，将式（3-4）代入式（3-3）中，得到：

$$\alpha = \frac{R^3 \left(\varepsilon_b \omega^2 - \omega_p^2\right) + i\omega\gamma\varepsilon_b}{\left[(\varepsilon_b + 3)\omega^2 - \omega_p^2\right] + i\omega\gamma(\varepsilon_b + 3)} \tag{3-5}$$

当$\omega_R = \omega_p / \sqrt{\varepsilon_b + 3}$（$\omega_R$为自由电子的振动频率）时，$\alpha$就有一个极子。共振的宽度由$\gamma(\varepsilon_b + 3)$决定，宽度越大，共振的效率越低。因此，无论是由金属的导电率差，还是由纳米粒子尺寸较小所引起粒子表面的电子散射占电子散射过程的主导地位，都可使γ值变得很大，从而引起信号增强能力下降。如果带间跃迁对介电函数的贡献很大，也会让ε_b的值变得很大，从而引起信号增强能力下降。因此，对于一个特定体系，表面增强拉曼光谱信号强度首先取决于纳米结构的尺寸，当金属的尺寸小于入射光的波长，同时大于电子平均自由程时，可得到较好的增强效果。

3.1.4 空间偏移拉曼光谱技术

普通拉曼光谱技术扫描样品一次仅能得到样品上单一点的拉曼光谱信息，不能覆盖大面积的样品表面，很难获得样品的空间信息。拉曼光谱成像技术是一种"图谱合一"技术，通过光谱仪采集样品的拉曼光谱图像，该图像同时包含了待测物的图像信息及拉曼光谱信息。拉曼光谱成像技术基于样品的拉曼光谱生成详细的化学图像，在图像的每一个像元上，都对应采集了一条完整的拉曼光谱，再把这些光谱集成在一起，从而产生一副反映样品的成分和结构的伪彩色图像。拉曼光谱成像技术根据拉曼光谱峰强生成成分浓度和分布图像，根据拉曼峰位生成样品材料的分子结构、相及材料的应力图像，根据拉曼峰宽生成样品材料的结晶度和相的图像。

光谱成像技术可通过点扫描和线扫描方式获得3-D超立方体多维数据集 (x, y, λ)，如图3-2所示。在点扫描方法中，通过移动样品或者检测器，沿两个空间维度(x和y)扫描单个点，获取样品中的每个像素的光谱，拉曼图像数据通过逐个像素点（或像素组合）累积而成。线扫描方法是点扫描方法的扩展，该方法同时获取一行空间信息及对应于该行中每个点的光谱信息代替每次扫描1个点，一次信息采集可获得一个空间维度(y)和一个光谱维度(λ)的2-D图像 (y, λ)。随着在运动方向(x)上进行线扫描，逐渐获得完整的超立方体多维数据集。点扫描和线扫描方法都是空间扫描方法。拉曼光谱成像技术是将拉曼光谱和光谱成像高精度融合的一种技术，兼有两者优势，在获得待测物拉曼光谱的同时也可实现被测物质的可视化，因此该技术在食用食品，特别是非均质样品的品质安全检测领域越来越被广泛地应用。

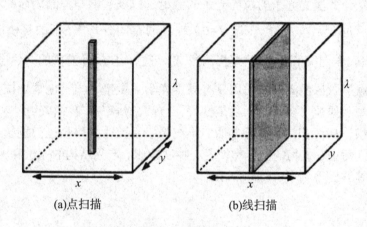

(a)点扫描　　　　　　　　　　(b)线扫描

图3-2　拉曼成像技术扫描方式示意图

3.1.5　共聚显微拉曼光谱技术

共聚焦显微拉曼技术是将拉曼光谱分析技术与显微分析技术结合起来的一种新型应用技术。显微拉曼可将入射激光通过显微镜聚集到样品上，从而可以在不受周围物质干扰的情况下，精确获得所测试样品的微米量级区的相关化学成分、晶体结构、分子相互作用及分子取向等各方面的拉曼光谱信息。另外，共聚焦显微拉曼光谱系统中的光源、样品和探测器三点共轭聚焦，可以减少散射杂光，并将拉曼散射增强至 $10^4 \sim 10^6$ 倍，削弱了杂散光信号对目标信号的干扰，提高了空间分辨率和灵敏度。

仅添加显微镜只能提高横向(XY)空间分辨率，并不能提供纵轴方向(Z)的空间分辨能力。只有共焦光路才能提供纵向(Z)的空间分辨能力，目前使用的真共焦设计采用在光路上安装可以调节的共焦针孔光阑，其纵向分辨率能达微米量级。

显微拉曼光谱仪的空间分辨率主要由两个因素确定，一是激光波长，二是所使用的显微物镜的数值孔径。根据光学定律，衍射极限下使用光学显微镜能达到的空间分辨率R可以表示为：

$$R = 0.16\lambda / NA \tag{3-6}$$

式中，λ为激发激光波长；NA 为显微物镜的数值孔径。由公式可知，较短的激光波长能够提供较高的空间分辨率，数值孔径较大的物镜能够提供较高的空间分辨率。但上式是基于标准的光学显微镜的，在显微拉曼光谱仪中实际的光学过程要复杂，如激光光子与拉曼光子的散射，以及它们与样品表面的相互作用都会导致空间分辨率下降。式（3-6）提到的空间分辨率R指的是横向(XY)的空间分辨率，纵向(Z)空间分辨率更为复杂，与显微拉曼光谱仪的共焦设计有关。

共聚焦显微拉曼光谱技术因具有高倍光学显微镜，与其他常规拉曼技术相比具有微观、原位、多相态、稳定性好、空间分辨率高等独特的优势，还可实现逐点扫描，从而获得高分辨率的三维图像。目前，共聚焦显微拉曼光谱技术已经在环境污染、文物的鉴定和修复、肿瘤检测、产品结构的原位和无损检测、公安法学等方面得到了广泛的应用。

3.2 拉曼光谱分析技术的评估体系

3.2.1 拉曼光谱特征及提取

拉曼光谱信号中某个单独的谱峰，从物理意义上可以解释为由某种分子特定的振动结构产生，而测量得到的光谱信号是多个谱峰的叠加结果，即峰的强度和面积与多种分子的振动结构相关，无法直接在拉曼波形结构与待测样品浓度之间建立定量分析模型，所以需要进行光谱解析。光谱解析是指利用某种特定的数学函数形式对单个谱峰的线形进行近似，然后通过优化拟合的方法将整条光谱表示为多个峰函数的加权和形式的过程。

1. 基于 Voigt 函数的光谱解析

在光谱解析过程中，单个谱峰线形通过 Voigt 函数形式进行描述，测量得到的光谱曲线则由多个 Voigt 函数的叠加形式进行表示，再采用某种优化算法对峰参数进行估计以达到最优的拟合效果。Voigt 函数形式被定义为 Lorentzian 函数与 Gaussian 函数的卷积[①]，被广泛应用于遥感和光谱分析等领域。

大部分振动光谱（如 X 射线、核磁共振、拉曼）的谱峰本质上具有 Lorentzian 函数轮廓[②]，面积归一化的 Lorenkian 函数形式为：

$$L(v) = \frac{1}{\pi} \frac{\gamma_L^2}{(v-\omega)^2 + \gamma_L^2} \tag{3-7}$$

式中，变量 v 表示波数；ω 表示峰的中心位置；γ_L 表示 Lorentzian 峰的半宽（Full Width at Half-Maximum，FWHM）。

由于仪器效应，拉曼光谱仪中激光器的功率分布近似于 Gaussian 轮廓，导致采集到的拉曼光谱是与 Gaussian 函数卷积的结果。标准化的 Gaussian 函数的数学表示形式如式（3-8）所示。

$$G(v) = \frac{1}{\gamma_G} \left(\frac{\ln 2}{\pi} \right)^{1/2} \exp\left[-\left(\frac{v-\omega}{\gamma_G} \right)^2 \ln 2 \right] \tag{3-8}$$

式中，γ_G 为 Gaussian 峰的半宽。Voigt 线形可表示为 Lorentzian 函数与 Gaussian 的卷积形式：

$$V(v) = \int_{-\infty}^{+\infty} L(v-v') G(v') dv' = \frac{\sqrt{\ln 2}}{\pi^{3/2}} \frac{\gamma_L^2}{\gamma_G} \int_{-\infty}^{+\infty} \frac{\exp\left[-\ln 2 \left(\frac{v'-\omega}{\gamma_G} \right)^2 \right]}{(v-v'-\omega)^2 + \gamma_L^2} dv \tag{3-9}$$

定义变量 x 和 y：

①　Thompson W J. Numerous neat algorithms for the Voigt profile function[J]. Computers in Physics, 1993, 7（6）: 627-627.

②　Newsam J M, Deem M W, Freeman C M. Accuracy in powder diffraction[J]. NIST Special Publication, 1992, 846: 80-91

$$x = \frac{v - \omega}{\gamma_G}(\ln 2)^{1/2} \qquad (3-10)$$

$$y = \frac{\gamma_L}{\gamma_G}(\ln 2)^{1/2} \qquad (3-11)$$

x 表示 Voigt 线形上的点与中心位置的相对距离，y 为 Lorentzian 与 Gaussian 峰的半宽之比，也称为 Voigt 参数，表示 Voigt 峰形状与 Lorentzian 峰或 Gaussian 峰的接近程度。将变量 x 和 y 代入式（3-8），则 Vogit 线性可表示为：

$$V(x,y) = \frac{1}{\gamma_G}\left(\frac{\ln 2}{\pi}\right)^{1/2} K(x,y) \qquad (3-12)$$

$$K(x,y) = \frac{y}{\pi}\int_{-\infty}^{+\infty}\frac{e^{t^2}}{y^2 + (x-t)^2}\mathrm{d}t \qquad (3-13)$$

式中，$K(x,y)$ 定义为 Voigt 函数。Voigt 线性没有解析，只能利用数值方法进行估算，而 Voigt 函数是求解 Voigt 线性的关键。为了简化计算过程，一般常采用 Wertheim 提出的 Voigt 线性的近似表示形式：

$$V(v,[\alpha,\omega,\gamma,\theta]) = \theta\alpha\exp\left[-\frac{4\ln 2(v-\omega)^2}{\gamma^2}\right] + (1-\theta)\alpha\frac{\gamma^2}{(v-\omega)^2 + \gamma^2} \qquad (3-14)$$

此时，Voigt 线性轮廓主要有 4 个峰参数：α（峰高）、ω（峰的中心位置）、θ（峰的宽度）和 γ（Gaussian-Lorentzian 系数）。因为拉曼光谱仪的分辨率一般小于实际拉曼光谱峰的半宽，因此，采用式（3-13）对拉曼信号进行拟合可以达到较好的拟合效果。

2. 基于 IHM 算法的光谱解析

间接硬建模（Indirect Hard Modeling，IHM）方法是 Alsmeyer 在 2004 年提出的 [①]，其主要思想是将纯物质的光谱曲线解析为多个 Voigt 函数的叠加，再通过优化拟合将混合光谱分解成多个纯物质光谱模型的加权组合形式，然后再对混合溶液中的某个纯物质对应的权值与浓度建立分析模型。目前，该方法已经成功应用于混合溶液中某成分浓度的预测领域。

假设混合物中包含 M 种独立成分，则每种成分的测量光谱信号为

---

① Alsmeyer F，Kola H J，Marquardt W. Indirect spectral hard modeling for the analysis of reactive and interacting mixtures[J]. Applied Spectroscopy，2004，58（8）：975–985.

$A_m(v)(m=1,2,\cdots,M)$表示为

$$A_m(v) = A_m(v,\Phi_m) + B_m(v,\beta_m) + r_m(v) \qquad (3\text{-}15)$$

式中，$A_m(v,\Phi_m)$为光谱的解析模型，即为多个独立的 Voigt 函数的叠加组合形式：

$$A_m(v,\Phi_m) = \sum_{j=1}^{L_m} V_j(v,\Phi_{m,j}) \qquad (3\text{-}16)$$

式中，$\Phi_{m,j} = (\alpha_{m,j}, \omega_{m,j}, \gamma_{m,j}, \theta_{m,j})^T$为第$m$个纯物质光谱中的第$j$个 Voigt 峰的参数，$\Phi_m = (\Phi_{m,1}^T, \Phi_{m,2}^T, \cdots, \Phi_{m,L}^T)$表示第$m$个纯物质光谱中的所有 Voigt 峰的参数。

$B_m(v,\beta_m)$为光谱曲线的背景基线，一般用多项式表示：

$$B_m(v,\beta_m) = \sum_{i=0}^{N} \beta_{m,i} v^i \qquad (3\text{-}17)$$

$r_m(v)$为误差光谱，包括光谱解析时的拟合残差和光谱自身的测量误差及噪声信号等；$\beta_{m,i}$表示第m个纯物质在第i个波数下的基线参数。

对纯组分光谱进行解析建模，实际上就是对 Voigt 峰参数Φ_m进行优化计算，寻优算法的目标式为：

$$\min \left\| A_m(v) - A_m(v,\Phi_m) - B_m(v,\beta_m) \right\| \qquad (3\text{-}18)$$

在优化过程中，IHM 算法在背景基线为线性形式的假设基础上，利用 Alsmeyer 提出的迭代补峰算法[①]对光谱进行自动解析。

3. 基于光谱解析的特征提取

假设光谱$A(v)$所对应的混合物中包含所有可能出现的M种成分，首先将$A(v)$进行光谱解析，即通过如下优化目标得到组成光谱$A(v)$的L个独立的 Voigt 峰参数：

$$\min \left\| A(v) - \sum_{i=1}^{L} V(v,\varphi_i) \right\| \qquad (3\text{-}19)$$

式中，$A(v)$为混合物的光谱。对式（3-19）进行优化得到的L个 Voigt 峰进

---

① Alsmeyer F, Marquardt W. Automatic generation of peak-shaped models[J]. Applied Spectroscopy, 2004, 58（8）: 986-994.

行归一化，得到 L 个高度为 1 的 Voigt 峰 $V(v,\varphi_i), i=1,\cdots,L$。则基准峰集合 $\Omega=\{V(v,\varphi_i), i=1,\cdots,L\}$。因为基准峰的高度已经进行单位化，则基准峰的线性参数不再包括高度参数，只需包括中心位置 ω、半宽 γ 和 Gaussian-Lorentzian 系数 θ，即峰参数 $\varphi_i=[\omega_i,\gamma_i,\theta_i]$。此时，混合物光谱可以由集合 Ω 中的 L 个 Voigt 峰进行解析，表示为基准峰的加权形式：

$$A_i(v)=\sum_{j=1}^{L}w_{i,j}V(v,\varphi_j)\quad i=1,2,\cdots,M \qquad （3-20）$$

在利用基准峰对混合物光谱进行解析的过程中，只需要对每个峰在混合物中的组合权值 $w_{i,j}$ 进行调整即可适应不同成分浓度的变化。另外，考虑到混合物各种成分的浓度发生改变，也导致了分子之间的相互作用发生变化，这可能会使得谱峰发生非线性变化。因此，在基于基准峰集合对混合物光谱进行解析时，还需要对每个基准峰的 3 个参数：中心位置、半宽和 Gaussian-Lorentzian 系数在一定范围内同时进行调整，优化目标式及约束条件如下：

$$\min\left\|A(v)-\sum_{i=1}^{L}w_{i,j}V(v,\varphi_{i,j})\right\|\quad i=1,2,\cdots,M \qquad （3-21）$$

式中，$\varphi_{i,j}=[\omega_{i,j},\gamma_{i,j},\theta_{i,j}]$ 为第 j 个基准峰在第 i 个混合物光谱中的参数调整结果，$\Phi_i=[\varphi_{i,1},\cdots,\varphi_{i,l}]$ 为所有 L 个基准峰参数的调整结果，$W_i=[w_{i,1},\cdots,w_{i,l}]$ 为第 i 个混合物光谱解析所得的权值向量。式（3-21）得到的加权系数矩阵 $W=\{w_{i,j}\}$，$i=1,\cdots,M$，$j=1,\cdots,L$。W 的行向量 w_i 为基于 L 个基准峰对第 i 个混合物进行解析所得到的峰权值；W 的列向量 p_j 为 M 个混合物光谱在第 j 个 Voigt 基准峰上的权值。再将每个列向量 $p_j=[W_{1,j},\cdots,W_{M,j}]$ 分别与浓度矩阵 C 的列向量 $C_m=[c_{1,m},\cdots,c_{M,m}]$ 进行线性相关分析，当其线性相关系数矩阵 $P=\{\rho_{j,m}\}(j=1,\cdots,L;m=1,\cdots,M)$ 中 $\rho_{j,m}>0.9$，则可认为第 j 个解析峰强度与第 m 种成分浓度之间具有较强的线性相关性，由此可以判断第 j 个解析峰为第 m 种成分所对应的特征峰。通过以上方法即可找到每种成分所对应的特征峰集合 $V_m=\{V_j|\rho_{j,m}>0.9\}$，$j=1,\cdots L$，$m=1,\cdots,M$。

3.2.2　拉曼光谱分析的限制因素

拉曼光谱分析过程中，某些因素限制了分析性能的优劣与分析范围的大小，可以统称为限制性因素。拉曼光谱分析过程的本质是一种信息处理过程，期间不可能产生新的有效信息，因此分析的信息源是样品光谱矩阵的数据与参比值矩阵的数据，它们限制了拉曼光谱分析的性能与范围。分析人员掌握分析的限制性因素可以避免不适合的分析项目，准确运用拉曼光谱分析技术。

1. 拉曼光谱分析中待测量的光谱特征对分析的限制

应用拉曼光谱分析样品的前提是待测量的特征信息能够加载到光谱上，在近红外谱区没有响应的样品特征无法运用到拉曼光谱分析中，待测量的光谱特征是拉曼光谱分析可行性的限制性因素。

近红外透射光谱信息主要是化学信息。由漫反射光谱理论可知，样品的漫反射光谱决定于吸收系数 K 与散射系数 S。其中，系数 K 主要反映样品的化学组成或化学结构信息，在近红外谱区主要是含氢基团的倍频和组合频信息，在光谱上形成了一定的谱峰；散射系数 S 主要反映样品的物理结构信息，主要反映在光谱的基线和斜率上。漫反射光谱同时包含了样品的化学信息和物理信息；这两类信息都可用于拉曼光谱分析。拉曼光谱漫反射或漫透射光谱既可以应用于样品的化学成分分析，也可以应用于分析样品的粒度等物理结构，这两类待测量的信息不同，它们对分析的限制性因素也不同。

（1）拉曼光谱特征对化学待测量的限制

拉曼光谱特征对化学待测量的限制主要是待测量与含氢基团间的关系。一方面，拉曼光谱的化学信息主要来自含氢基团，它们的信息强度较高，是运用拉曼光谱分析待测量的高信息量参数；另一方面，化学待测量与含氢基团相关的方法可以分为直接相关和间接相关，相应的可以把拉曼光谱中化学待测量的信息分为直接信息和间接信息。二者结合可以将近红外分析分为 3 种典型的待测量：直接的高信息量参数、间接的高信息量参数和非高信息量参数。

应用 60 个红富士苹果、40 个嘎啦苹果、40 个青苹果 A、42 个加利果和 30 个青苹果 B 制成果汁作为样品集，研究运用中波近红外透射光谱分析参数在各类近红外分析中的应用，3 种典型的待测量如下。

①可溶性固形物（SSC）：拉曼光谱可以直接采集 SSC 的信息，属于直接在光谱加载信息的高信息量参数，拉曼光谱分析 SSC 的性能一般较好。

② pH：拉曼光谱不能直接加载 pH 的信息，但 pH 与分子中 OH—相关，属于间接在光谱中加载信息的高信息量参数，拉曼光谱分析 pH 的性能一般不

如前一种待测量，pH 不属于比例变量。

③电导率：拉曼光谱不能直接加载电导率的信息，也不能间接加载与电导率有关的离子信息，拉曼光谱分析电导率的性能一般较差。

应用相同的软件和光谱仪，由于待测光谱的限制性因素，3 类典型的待测量分析结果差异明显。直接高信息量苹果汁的 SSC 近红外分析结果较好，预测的评价参数 RMSECV 较小；间接高信息量 pH 的近红外分析结果与应用的模型有关，由于其信息量是间接加载到拉曼光谱上去的，该信息在光谱的表达受到品种等条件限制，分析误差较高，可以有条件的应用拉曼光谱分析。非高信息量电导率在近红外分析中的信息量较少，限制了分析效果，分析误差较大，很难应用拉曼光谱分析技术。

拉曼光谱间接信息分析极大地扩展了该技术的应用领域，可以用来预测苹果的硬度、分析食用油的碘价与肉类的酸价、分析中药样品的指纹图谱相似度，甚至应用于分析栽培水稻的抗寒性。与含氢基团无关的待测量在一定条件下都可以按照间接信息进行拉曼光谱分析，间接信息待测量的拉曼光谱分析比较复杂，更加需要全面优化光谱矩阵与参比值矩阵的各种参数，才能避免限制性因素对分析的影响，得到较好的分析结果。

在拉曼光谱开始分析前，依据待测量的结构特征，判断在分析谱区的光谱中是否有足够的待测量信息，以确定是否适合采用拉曼光谱分析。直接高信息量待测量的拉曼光谱分析一般容易取得较好的分析结果；在充分优化的条件下，间接高信息量待测量的拉曼光谱分析也可以取得较好的分析结果；间接非高信息量与光谱中无信息的待测量不宜或不能运用拉曼光谱分析。

（2）拉曼光谱特征对物理待测量的限制

有的物理待测量与化学待测量有关，这类物理待测量的分析属于化学待测量的间接分析。土壤的物理信息主要反映在谱线的斜率、截距参数上，光谱中物理结构的信息远比化学信息少。由于信息量较少，限制了分析的精度，即使运用高精度的科研仪器，拉曼光谱的物理结构分析难以进行精确的拉曼光谱定量分析，但可以对土样进行级别数目较少的分类。

2. 拉曼光谱分析的参比值矩阵对分析的限制

参比值矩阵包含的信息分为确定的信息与不确定信息，参比值矩阵的确定信息主要是参比值分析的准确度与精确度等分析的可靠性，这些信息进入模型称为模型关系信息的一部分，应用或限制模型的部分可靠性；而其不确定性信息主要是参比值的范围等，这些信息进入模型称为模型范围的一部分，应用或限制模型对待测量的分析范围。

建模样品参比值分析的准确度、精确度等参数是拉曼光谱分析中多种性能的限制性因素。

（1）参比值分析准确度对近红外分析的限制

拉曼光谱分析是二级分析技术，建模样品集的参比值是拉曼光谱分析的基础，基准值应当是作为基准样品的真值。但在许多情况下，特别是农业样品具有复杂的结构时，拉曼光谱分析的基准分析方法就没有了准确度的指标，如半微量凯氏定氮法分析谷物的粗蛋白，两个国家标准都只规定了分析重复性与再现性的要求，而没有分析准确度的要求。

在实际分析时，用拉曼光谱分析准确度的评价参数 *SEP*，该偏差包含了参比值分析的误差。作为基准的参比值分析误差包括了随机误差与系统误差，其中随机误差可以通过多次测量取平均的方法来降低，系统误差则是难以避免。若拉曼光谱的基准分析具有某种系统误差，则这种系统误差将传递并包含到二级的拉曼光谱分析结果中。因此，拉曼光谱实际分析的准确度不可能优于参比值分析方法的准确度，也就是建模样品参比值分析的准确度是拉曼光谱分析准确度的限制性因素。

拉曼光谱分析的重复性误差是指拉曼光谱自身重复分析之间的误差，它没有包含参比值分析的误差，是独立分析的。因此，只要拉曼光谱分析方法自身的重复性良好，其重复性误差可以低于参比值分析方法的重复性误差。

（2）参比值分析精确度对拉曼光谱分析的限制

拉曼光谱分析建模样品参比值分析的重复性误差也将传递到二级的拉曼光谱分析结果中。因此建模样品参比值分析的精确度（*STD*）也是拉曼光谱分析准确度的限制性因素，拉曼光谱分析的 *SECV* 或 *SEP* 应可以接近 *STD*。

在模型参数的评估试验中以苹果汁样品应用拉曼光谱分析可溶性固形物 SSC 值为例，精确测定作为拉曼光谱分析参比值方法的重复性标准差 *STD*=0.2。5 个品种的苹果汁样品分别建立的局部模型与全局模型分析 SSC 值的性能见表 3-1。

由表 3-1 可以看出，各个模型的 *SECV* 值均大于 *STD* 值，二者比值均大于 1。

表 3-1　近红外透射光谱分析 5 个品种苹果汁 SSC 值的 *SECV* 及其 *STD* 之比

品种	*SECV*	*SECV*/*STD*
红富士苹果	0.38	1.90
嘎啦苹果	0.26	1.30
青苹果 A	0.41	2.10
加利果	0.28	1.35
青苹果 B	0.48	2.34
所有样品	0.38	1.75

建模样品参比值分析的精确度与拉曼光谱分析准确度的关系在国标上是允许的。在粗蛋白的标准测定方法中，拉曼光谱分析方法以国家标准分析方法的参比值作为基准，标准方法分析的重复性误差限制了拉曼光谱分析的准确度。粗蛋白拉曼光谱分析国家标准的容许误差均大于或相当于参比值分析标准方法国家标准规定的重复性误差，说明了建模样品参比值分析的精确度是拉曼光谱分析准确度的限制性因素。

3. 建模样品集的样品范围对拉曼光谱分析的限制

模型只能在各自适配的范围内进行应用，建模样品的范围限制了数学模型的分析范围。5 个品种的苹果汁样品所建立的模型参数评估试验中建模样品集的样品范围对近红外分析的限制见表 3-2。模型的评价参数为 *SEP*，局部模型和全局模型分别是指以各个品种的苹果汁样品所建的模型与全部样品所建立的预测模型。

表 3-2　近红外分析苹果汁不同待测量全局模型与局部模型的 *SEP* 比较

待测量	SSC	pH	电导率
全部模型预测全局	0.48	0.20	0.23
局部模型预测局部	0.39	0.09	0.20
局部模型交互预测	0.91	0.62	0.48
局部模型转移后预测	0.37	0.16	0.23

由表 3-2 可以看出，全局模型和局部模型分别都可以预测本样品集范围内的样品含量值，各个品种局部模型预测样品的范围较小，不能预测本品种范围以外的样品，但预测本品种样品的准确度优于全局模型，各个品种局部模型转移后即可以预测转移的品种样品。这说明了建模样品集的范围限制了数学模型的分析范围，影响了模型的兼容性范围。

3. 拉曼光谱分析的光谱矩阵对分析的限制

光谱矩阵包含的信息也分为确定信息与不确定信息，光谱矩阵的确定性信息主要是光谱测量的可靠性性能，这些信息进入模型也成为模型关系的一部分，影响与限制模型的可靠性性能；光谱矩阵不确定性信息主要是光谱测量参数的范围，这些信息进入模型也成为模型范围信息的一部分，影响和限制模型对待测量的分析范围。

（1）光谱测量方式对拉曼光谱分析的限制

光谱中的待测量信息一方面决定于待测量本身的信息特征，另一方面决定于待测量信息对样品光谱的加载方法。待测量的信息必须通过多样品光谱的测量才能加载到光谱中，因此，拉曼光谱分析采用的光谱测量方式是否能够将待测量信息充分加载到样品光谱是拉曼光谱分析性能的一种限制性因素。分析烟草等深色粉末样品时，应用长波拉曼光谱分析的效果远比透射光谱分析效果好。而分析籽粒等样品时，应用长波漫反射光谱分析的效果不如短波透射光谱分析效果好。由于籽粒样品的内部结构与组成不相同，受不同谱区分析光透入样品深度的限制，采用长波漫反射光谱分析方法分析谷物籽粒，只能取得籽粒样品的外部信息，难以充分采集样品籽粒内部的整体信息，限制了分析的性能；短波拉曼光谱则可以投入籽粒样品内部，取得样品的整体信息。因此，长波漫反射光谱方法即使应用高性能的光谱仪，其分析效果还是远不如短波近红外漫透射光谱方式中的中档仪器。这说明了光谱测量方式决定了对样品信息采集的质量，限制了拉曼光谱分析的效果，如果不能充分采集样品的光谱信息，则提供光谱仪的波长分辨率等性能对提高分析性能是无用的。

（2）光谱仪器性能对拉曼光谱分析的影响

在没有明显限制性因素条件下，拉曼光谱仪器整机性能影响分析的性能，在测定苹果汁 SSC 时，如果运用透射光谱方法，则高性能的全谱拉曼光谱仪器明显优于其他中波拉曼光谱仪。在实际选用仪器时，还要考虑到仪器的具体使用情况等因素，见表 3-3 所列。

表 3-3　两种拉曼光谱仪测定苹果汁样品 SSC 的结果

仪器	全谱拉曼光谱仪	中波拉曼光谱仪
测量方式	透射	透反射
分辨率 /nm	0.3	1.2
波长范围 /nm	800 ~ 2500	1000 ~ 1600
样本数	200	190
$SECV$	0.36	0.42
$RMSECV$	2.97	3.44

光谱是近红外分析的信息源，样品光谱由拉曼光谱仪扫描产生。扫描光谱时，仪器波长与吸光度的随机误差、系统误差都将进入样品光谱，从而限制了分析的精度。为了达到一定的分析精度，对光谱的质量有一定的要求，即对近红外分析仪器的整体稳定性有较高的要求。建立数学模型方法需要用样品吸收肩部区域的信息，波长较小的偏差可能产生吸光度较大的变化。因此波长的相对准确度与精确度阀体需要 10^{-4}，波长准确度的绝对值为 10^{-2}。如果样品分析的精确度要求 $10^{-3} \sim 10^{-2}$ 时，则光谱仪器吸光度的准确度、精确度与 2h 稳定度大体需要达到 $10^{-4} \sim 10^{-3}$，信噪比需要达到 10^{4}。光谱仪的波长与吸光度的准确度影响光谱的系统误差，精确度与噪声影响光谱的随机误差。

因为本谱区样品吸收峰属于倍频吸收带，带宽较宽，光谱仪器的波长分辨率应等于样品带宽的 1/10 ~ 1/5 间，对于一般的分析要求，拉曼光谱仪器单色的带宽可以达到 8nm，低于紫外可见光谱分析要求。

样品对不同倍频近红外光的吸收强度不同，短波近红外谱区的三倍、四倍倍频吸收最弱。为了使样品的吸光度达到 0.1-1ABS，分析仪的光程或样品池的厚度需要较长，籽粒样品可以采用 20 ~ 35nm 的样品池。

（3）光谱测量参数的变动范围对近红外分析的限制

建模样品测定光谱时某些参数是一种不确定信息，这种不确定信息是模型分析范围的限制性因素。如果样品测定建模光谱时的温度稳定在某一个值，则所建模型的温度变量范围较小。这种模型只能与相同温度的样品相匹配，模型对待测样的温度具有限制作用，待测样的温度与建模时的温度相差越大，分析的效果越差。小麦籽粒在 5、10、20 和 30℃下测定的短波漫透射光谱建立的蛋白质模型分析不同温度样品的预测值标准差 SEP。可见，光谱测量的环境参数对拉曼光谱分析的限制：恒温样品在某温度下建立的模型测定该温度的样品误差较小，待测样品的温度与恒温模型的温度差别越大，误差也越大；各种温度的样品光谱混合在一起建立的模型，其温度信息范围扩大，模型的兼容性扩大，预测样品的范围也得到扩大。

可见，拉曼光谱分析的光谱矩阵与参比值矩阵多种参数对分析性能具有限制，应当分别加以讨论优化，才能获得高质量的分析结果。近红外分析科研工作者必须在分析的早期预先判断分析结果的优劣，以便及时优化各种参数。

3.2.3　拉曼光谱分析的预判参数

1. 待测量的结构、分布特征与范围对拉曼光谱分析性能的预判

拉曼光谱分析依据含氢基团的倍频、组合频吸收信息。一般来说，直接与含氢基团吸收信息相关的待测量，容易应用拉曼光谱分析准确确定，如谷物的水分、蛋白质等成分；它的检测限一般不比常规光谱分析低。对于含量较低的待测量，拉曼光谱分析一般难以准确预测；一般待测物含量大于 1% 时，拉曼光谱有可能准确预测，如果待测量含量低于 0.1% 时，则测量误差会较大或无法测定，如农药检测；介于二者之间的待测量可以进行测定，但需要严格控制条件。

拉曼光谱建模样本的范围应涵盖将来预测样品的范围，并且建模样品一般应符合正态分布或均匀分布。如果建模样品的待测量值出现局部集中的扎堆情况，如呈现双峰分布或多峰分布，或建模样品跨几个数量级等，一般建模效果会较差。一般来说，参比值的跨度不能太大，一般应该在同一个数量级，跨度太大需要建立分段模型，避免产生较大误差。

2. 主成分空间分布对拉曼光谱分析性能的预判

光谱矩阵中的信息范围，决定了模型的适配范围，可以用 PCA 主成分空间分布得到较直观表达。由苹果汁模型评价试验中的 PCA 主成分分布可以得出：每一个品种在主成分空间的不同区域占据一定的空间范围，各个品种的样品建立的局部模型只能应用于预测所属空间范围内的局部样品，该空间以外的其他品种的样品预测效果较差，不适合进行预测。

3. 主成分累积贡献率对拉曼光谱分析性能的预判

拉曼光谱分析中光谱是分析信息的载体，分析过程的数学模型必须能够将建模样品集光谱矩阵的样品信息充分表达出来，才能得到光谱与待测量之间准

确的数学关系。再利用 PLS 算法建立数学模型时，建模的主成分中必须包含有足够多的待测量样品信息，才能取得较好的分析结果。拉曼光谱分析模型运用不同的主成分时包含的光谱矩阵中待测量的信息相对值，可以在 PLS 主成分对待测量信息累积贡献率的增长趋势得到较为直观的表达。各 PLS 主成分对待测量信息的累积贡献率可以反映建模主成分包含的待测量信息相对值，即光谱矩阵中待测量信息在 PLS 主成分聚集的状况，从而可以预判建模的最佳主成分数，进一步可以预估拉曼光谱分析结果。

以拉曼光谱分析化学待测量为例，模型评价试验中对 5 个品种共 210 个苹果汁样品的 3 个化学待测量，应用 PLS 方法建立全局预测模型，PLS 因子对待测量信息的累积贡献率进行计算。在拉曼光谱对苹果汁中 3 种待测量的实际分析结果与各自的主成分累积贡献率增长趋势保持一致，待测量 SSC 与 pH 的累积贡献率增长较快，其建模主成分数为 6 时模型相对性能即已达到最佳，此时对 SSC 的贡献率为 87.35%；建模主成分数为 7 时对 pH 的贡献率为 91.57%，模型相对性能达到最佳；电导率模型的效果最差，这是由于建模主成分数 7 时对电导率的贡献率只有 67%。

累积贡献率是一种相对比较值，它既可以作为比较样品光谱矩阵中不同待测量信息的相对强度，预估分析结果；还可以比较不同分析方法的效果，应用于预估选择光谱建模方法。

4. 异常样品存在对拉曼光谱分析性能的预判

异常样本的存在对模型性能有很大的影响，因此，根据建模样本集样品是否存在异常样品，可初步预判模型的性能。一般而言，存在异常样品的样品集建立的模型在实际预测时性能较差。造成一次样品的原因主要来源于样品的 2 个信息源，即参考值和光谱信号。样品的 2 个信息源中的任何一个出现了问题，软件都会将样品显示为异常样品。如何判断异常样品产生的原因是解决样品去和存的关键。一般来说，如果由于参考值不准确的问题，该样品应该被剔除出去。如果由于光谱信号出现于模型中其他样品光谱信息存在很大的差异，要进行慎重处理，因为，一是光谱测定过程中样品装样是否正确，造成光谱较大的差异；二是样品本身比较特殊，属于代表性很强的边缘样品。如果有条件的话，建议将该样品的光谱进行重新测定，放入建模集重新验证，如果还是存在异常情况，该样品的光谱应该保留。如果不是异常样品，说明第一次测定的光谱存在装样错误问题。

从建模样品光谱的马氏距离与光谱残差分布中可以得出，如果样品的马氏距离和光谱残差都很小，且周围还有很多的样品进行包围，出现异常样品的原因可能是参考值偏离真值过大；如果样品的马氏距离最大，是由于样品中化学组成成分出现异常，有可能与建模样品不是同一类样品或化学组成差异很大，需要进行认真对待；如果异常样品的马氏距离很小，但光谱残差比较大，可能是样品光谱测定过程中装样存在的问题。因此，出现参考值异常样本时，模型性能一般较差，而光谱异常的模型则需进一步利用模型评价参数来详细分析模型性能。

5. PRESS 的变化趋势对拉曼光谱分析性能的预判

目前，建模软件通常可以提供在建模过程中交互验证的预测残差平方和值（PRESS）与主成分数间的关系，因为 PRESS 值可以大体表示模型预测即 SEP 的大小，如果建模运用主成分包含的待测量信息大于干扰成分的背景信息，则随着某些运用的主成分数增加，开始时 PRESS 值逐渐下降，当主成分中已经包含了足够的待测量信息，PRESS 值达到最小后在逐渐变大，这样的变化趋势一般分析效果较好。如果随着主成分数增加，PRESS 值的变化无一定的趋势，甚至逐步上升，则说明建模新增主成分所包含的信息没有明显超过干扰分析的背景信息，可以预判拉曼光谱分析的效果不佳。

6. 子模型的一致性对拉曼光谱分析性能的预判

拉曼光谱分析建模时，通常将一定数目的样本划分为校正集和预测集，采用校正集样品建立模型，用预测集样本来验证模型的效果。常用的划分样本集的方法有 K-S 方法、宁都梯度法和随机法。不同的样品集划分，参与建模的样本不同，因此模型的效果也会有差异。对于拉曼光谱能够准确测量的品质参数，不同样品集划分方法，模型都能达到一个较优的结果，各个子模型的效果差异较小；而对于拉曼光谱不能准确测定的参数，则不同划分方法各子模型的效果差异很大，即使偶尔一种样品集划分会得到较好的模型评价参数，但若改变样本划分，模型效果会明显变差。在对蜂蜜中的果糖和酶值进行预测时，果糖都能够准确预测，而酶值不能准确预测。因此，在建模时，对于某个样本划分，可能会出现偶然结果，但多次划分时都有很好的结果，则说明该品质参数与拉曼光谱有较好的相关性。

3.3 拉曼光谱定性分析

3.3.1 定性分析过程与规范

拉曼光谱定性分析很少用于化合物的鉴别，而主要用于物质的聚类分析和判别分析。拉曼光谱定性分析是用已知类别的样品建立拉曼光谱定性分析模型，然后用该模型考察未知样品是否是该类物质。由于拉曼光谱对微量物质不敏感，因此，如果微量物质的存在影响物质分类，很难用拉曼分析方法进行定性分析。在使用拉曼光谱分析方法进行定性分析时，需要考虑到这种可能性，并考察在这种情况下是否能采用拉曼光谱分析方法进行定性分析。

拉曼光谱定性分析的主要过程是：

（1）采集已知类别样品的拉曼光谱。

（2）用一定的数学方法处理上述光谱，生成定性判断。

（3）用该定性判断未知样品属于哪类物质。

拉曼光谱定性分析依赖于光谱的重复性，包括吸光度和波长的重复性。另外，与定量分析一样，它也要求未知样品和校正集样品的处理方式与采集光谱过程完全一样，这样才能保证分析的准确性。

拉曼光谱定性分析的基本原理是拉曼光谱或其压缩的变量组成一个多维的变量空间；同类物质在该多维空间位于相近的位置；未知样品的分析过程就是考察其光谱是否位于某类物质所在的空间。拉曼光谱定性分析遇到的问题是：在多维变量空间中，不同类样品不能完全分开，说明不同类样品的谱图差别不大；训练时不同类型样品的变化没有足够的代表性，说明训练集样品的数目或变化范围不够，不能检测微量物质。

为了避免上述问题的影响，拉曼光谱定性分析分为 3 个步骤：

（1）训练过程。采集已知样品的光谱，然后用一定的数学方法识别不同类型的物质。

（2）验证过程。用不在训练集中的样品考察模型能否正确识别样品的类型；

（3）使用阶段。采集未知样品的光谱，将其与已知样品的光谱进行比较，判断其属于哪类物质。另外，如果未知样品和模型中的所物质都不相似，模型也能给出这方面的信息。

在拉曼光谱定性分析中要注意未知样品的测定和处理过程必须与训练集样品完全相同，包括液体样品是否使用溶剂，光程、固体样品研磨方式、颗粒度等都必须一致。

拉曼光谱定性分析方法主要有马氏距离方法和 SIMAC 等方法。

3.3.2　拉曼光谱定性特征信息的提取与表达方式

目前拉曼光谱的定性分析，从分析结果表达的角度可划分为：

其一，相似性分析。是用来描述类与类或样本与样本之间远近关系的一种分析方法，其表达结果可以是聚类谱系图，可视化的地位空间投影图或类与类之间的相速度数值等形式，该分析方法不能对单独某一个样品进行分析。典型的相似性分析方法有系统聚类方法、SIMCA 等。

其二，模式识别或判别分析。是用来描述物质或样本的类别归属的一种分析方法，该方法一般需要先建立一个识别模型，依据模型信息对未知样品进行分析预测来判断其类别属性，是属于某一类或无法识别或识别混淆。典型的有 ANN 和 DPLS。

由于拉曼光谱信息复杂、重叠，特别是对复杂物质体系的拉曼光谱在进行相似性分析或建立模式识别模型前，一般都需要对拉曼光谱信息进行特征提取。从对拉曼光谱信息的提取角度可分为无监督模型特征提取，如 PCA 方法；有监督模式特征提取，如 PLS、DPLS 和 FISHER 等。

1. 拉曼光谱定性分析的一般程序

拉曼定性分析实际应用需要其过程有所差异，一般可分为以下几个步骤：①标准样品光谱集的建立；②光谱校正集预处理；③光谱特征提取；④定性判别分析模型的建立和评价以及未知样品定性判别。

（1）标准样品光谱集的建立

光谱定性分析就是对标准光谱所提供的最大信息差异进行识别或相似分析，因此建立稳定可靠的标准光谱集是非常重要的。需要测量的每种物质的标准光谱，一般同一样品需要被多次重复测量，不同批号的样品也需要被重复测量，以平均光谱近似作为该样品的标准光谱。

如果以模型识别来进行判别分析，则需将已知样品的光谱分成学习集合检验集两部分，划分的依据是学习集合检验集中的类别应相同，具有广泛的代表性，与定量分析一样。

（2）光谱的校正与预处理

与定量分析一样，光谱校正的作用是光谱图的规范化、抵消背景干扰即提高光谱的质量。采用何种校正方法要依靠光谱的质量及高干扰的情况来选择，预处理也可以把原来隐藏的信号差异放大出来，提高光谱的分辨率，使定性判别更加直观、可靠，常用的光谱预处理方法有中心化、导数和归一化等。

（3）光谱特征提取

在常规分析中，通常依据某几个峰值或相对比值就可以确定物质的归属和纯度，这种方法在拉曼光谱分析中的可靠性较差，这是由拉曼光谱的多变性、背景的复杂性决定的。因此，在拉曼光谱中，定性判别分析更多依靠若干个峰组甚至是全光谱来进行定性判别，对大量光谱数据来计算光谱距离是非常复杂的，尤其是在模式识别或相似性分析过程中，如果用很多的原始光谱直接进行计算几乎是不可能的。只需要提取原光谱特征，然后依据这些特征间差异来进行模式识别就可以，无须采用全部信息。定性分析的重要依据就是光谱特征的相似性，因此，正确获取光谱特征是定性分析的关键一环。目前广泛的特征筛选方法有主成分分析、偏最小二乘分析、傅立叶变化和小波变换等方法。

（4）鉴定样品

鉴定的结果会有 3 种情况：第一种情况，新样品光谱到参考光谱的距离值小于一种参考物质的阈值，那么未知样品被鉴定为此类物质，且是唯一的。在这种情况下，如果选择了验证集样品是否为此类物质，那么 Ident 检验测试结果将可以鉴定为是物质 A。第二种情况，新样品光谱到所有参考光谱的欧式距离小于两种或更多参考物质的阈值，那么新样品不能作为唯一的此类物质。在这种情况下，如果选择新样品是否为物质 A，那么 Ident 鉴定测试结果将是与 B 类物质混淆。第三种情况，新样品光谱到所有参考光谱欧式距离大于所有的物质阈值，那么就认为新样品不能被这个库来鉴定。在这样的情况下，如果选择了验证集新样品是否为 A 类物质，那么 Ident 鉴定测试结果将是不能鉴定为物质 A。

2. 几种典型的拉曼光谱定性特征信息提取与模式识别

常见的定性判别分析之一是根据测得的光谱数据来确认未知试样是否属于某特定若干种类之一，这属于有监督模式识别方式。在这种识别方式中，要求事先知道获得这些化合物的某些代表性的光谱，然后利用已有信息来确认某未知样品到底属于哪一种类。在物料确证、产品质量鉴定、过程控制等领域的绝大多数问题可采用这类方法来进行解决。下面介绍几种常用的模式识别方法。

（1）SIMCA 方法

SIMCA 方法利用样品在主成分空间中不同类别的样品之间的类距离来对类的归属进行判别的方法。在分类研究中，一般由两类错误。第一类错误是拒绝用其他标准可以接受的样品，把该归人该类的样品据于该类之外；第二类错误是拒绝用其他标准不该接受的样品，把不该归入该类的样品归于其中。SIMCA 方法分类模型可用识别率、误判率等指标来进行评价。下面介绍一个应用该种方法鉴别不同来源的布洛芬原料的实例。

NIR 漫反射光谱法测定布洛芬原料，以标准陶瓷片作为参比，扫描范围 $10000 \sim 4000 \text{cm}^{-1}$，分辨率 8cm^{-1}，湖北类 62 个样品光谱中选取不同批号 20 个样品光谱作为训练集，获得湖北布洛芬原料主成分分析结果，光谱预处理方法为一阶导数、5 点平滑和 SNV，采用留一法的全部交叉验证法确定 5 个主成分，其累计贡献率为 90.01%。从山东类 88 个样品光谱中选取不同批号 28 个样品光谱作为训练集，获得山东类布洛芬主成分分析结果，取 5 个主成分，其累计贡献率为 83.15%，再将上述两个结果用 SIMCA 建立分类方法，剩余光谱全部作为验证集，以检验方法的可靠性。

用 SIMCA 所建立的分类模型，临界概率水平为 0.05，并对训练集 48 个样品进行判别，SIMCA 分类模型的争取率为 100%。湖北类与山东类的间距离为 5.22，湖北类的临界距离为 1.31，山东类的临界距离为 1.25，类间距离为 5.22，远大于各自的类内距离 1.31 和 1.25，两类有明显的类界限，因此可以完全进行区别。湖北类对自身 20 个训练集样品的识别率为 100%，把山东类 28 个训练集样品全部拒绝，拒绝率为 100%；山东类对自身 28 个训练集全部正切识别，把湖北类 20 个训练集样品全部拒绝。

采用建立的 SIMCA 分类模型对检验集样品进行分类判别分析，湖北类检验集样品 42 个，犯第一类错误仅为 2 个（4.8%），无第二类错误；山东类检验集 60 个样品，犯第一类错误仅为 1 个（1.7%），第二类错误仅为 1 个（2.4%），判别正确率平均为 98%。

（2）定性偏最小二乘 DPLS（Discriminant PLS）

DPLS 是基于判别分析基础上的 PLS 算法，并且以二进制 Y 变量（类别变量）来取代浓度变量；DPLS 是用来计算光谱向量 X 与类别向量 Y 的相关关系，取得 X 与 Y 的最大协方差 $\text{Cov}(X, Y)$。因此，DPLS 成分可以看作是 PCA 的旋转，并且使得所预测的类贡献值的正交性最大。为了决定混合物中某物质的类归属，Y 矩阵必须能描述特定种类的样品，混合物中以"1"表示属于这类，"0"表示属于其他类别。一般可以设定一个临界值来判定归属。如果待分析鉴别的只有两类，分别用 1 和 0 表示即可。

应用 DPLS 进行定性判别分析时，作为样品光谱的输入变量矩阵和二进制变量（类别变量）即输出变量矩阵之间的关系描述。其中 N 表示建模时的样品数，K 表示样品光谱的吸光度点数，M 表示类别数目。DPLS 方法不但可以确定未知纯样的类归属，而且还可以确定混合液主要成分的类归属。下面介绍一个应用该种方法鉴别不同六味地黄丸的实例。

以 92 个同一厂家生产的的六味地黄丸产品作为"整体合格产品 1"，在软件中对其输出类型值设为"1"，其对应的 3 个输出节点编码为"1/0/0"；以27 个其他厂家生产的六位地黄丸样品作为"整体合格产品 2"，在软件中对其输出类型值设为"2"，其对应的 3 个输出节点编码为"0/1/0"；以 110 个自制缺味少量六味地黄丸作为"非合格样品"，在软件中对其输出类型值设为 3，其对应的 3 个节点的编码为"0/0/1"。建立的六位地黄丸产品快速鉴别分析模型，其模型（进行交叉检验）以及检验结果的输出节点值见表 3-4。

表 3-4　六位地黄丸产品快速鉴别分析模型及检验指标

	建模集	检验集
样品数	208	21
识别率 /%	95.19	95.24
识别混效率 /%	1.92	4.76
误判率 /%	2.88	0

（3）人工神经网络方法（ANN）

人工神经网络方法可用来解决许多化学中的计算难题，包括非线性多元回归和模式识别。ANN 分类的主要目标是广泛的，在 ANN 的众多方法中，多层前向传递网络形成一个包含有高度链接和互相作用单元的胴体系统，适用建立一个非线性计算模型，最常用的多层网络训练方法是 BP-ANN 方法，该方法是基于误差的梯度下降法的思想。由于用来作为人工神经网络计算的输入层数据个数不宜太多，一般不用原始数据直接进行计算。因此，如何有效地对多原始数据进行压缩和提取数据特征就显得非常重要，通常可以用特征波长的变化来提取。

BP-ANN 是一种典型的人工神经网络模型，也是一种比较常见的。它是由3 部分组成：输入层、隐含层和输出层。数据由输入层输入，并施以权重传递到第二层，即隐含层；隐含层进行输入的权重加和、转换，然后输出到输出层；输出层给出神经网络的预测值或模式判别结果，神经网络通过对简单的非线性函数进行数次复合，从而形成复杂函数。

误差反向算法 BP 为三层系统，包括一定数量的节点（神经元），而且上一层的每一个节点与下层的每一个节点进行连接。同外界的联系通过输入、输出层的节点进行，隐含于内部的中间层决定系统的主要计算能力。在 ANN 的每条连线上是权重因子，代表系统记忆能力的重要部分，当网络学习时，权重的数值可随着正在网络中流通的新信息而发生改变，一般应用时先用某种类型的一组已知数据输入 ANN 模型，经过训练后 ANN 就能用学习过的数据推测出新输入的未知数据。

与 DPLS 类似，ANN 的输出层数据可以是二进制的，如果未知样品包含不同的混合物，而每个类输出值可能落在 0 ～ 1 之间。在这种情况下，输出值可被认为是属于某类的概率，即代表该类在混合物的可能比例，可以选择一个阈值来确定混合物中是否含有某种样品。如果某类的输出值不满足阈值条件，则可认为是少样或未归类的样品。下面介绍一个应用 BP-ANN 方法鉴别不同大黄正伪的例子。

大黄是一种比较常用的中草药，按生物形态划分有很多种类，但从药理学角度又分为两种：正品大黄与伪品大黄，而且在晒干粉碎后很难用人眼区分。

NIR 漫反射光谱法测定大黄样品 100 个，扫描范围为 $10000 \sim 4000 cm^{-1}$，分别率为 $4 cm^{-1}$ 建模样品共有 33 个，其中正品大黄 14 个，训练值用 "1" 表示；伪品大黄 19 个，训练值用 "0" 表示。模型的参数如下所示。

网络的输入节点数：采用光谱的前 8 个主成分数据作为网络的 8 个输入节点；

网络的输出节点数：1 个，即 1 或 0；

网络的隐含层节点数：4 个；

网络的训练次数：50000 次；

学习效率：0.6；

调整步长：0.1。

如果对学习输出值的阈值设定为 0.2，则判断为正品大黄的下限值为 0.8，上限值为 1.2；判断为伪品大黄的下限值为 –0.2，上限值为 0.2。

中药大黄正伪判别模型的学习结果见表 3-5。

表 3-5　中药大黄正伪判别模型的学习结果

序号	样品名	正伪品训练值（0，1）	学习值	序号	样品名	正伪品训练值（0，1）	学习值
1	1	1	1	12	4	1	0.8

序号	样品名	正伪品训练值（0，1）	学习值	序号	样品名	正伪品训练值（0，1）	学习值
2	13	1	0.9	13	40	0	−0.1
3	14	1	0.8	14	42	0	−0.1
4	17	1	1	15	447	0	0
5	18−1	1	0.9	16	5	1	1
6	20	1	0.9	17	55	0	−0.1
7	23	1	0.8	18	59	0	−0.1
8	26	1	1	19	63	0	0
9	27	1	0.9	20	65	0	−0.1
10	3	1	0.8	21	67	0	−0.1
11	30	1	0.9	22	69	0	0.1

3.基于拉曼光谱的相似性分析

面对大量的新知识和新数据，更多的情况下是在无先验知识的情况下，依靠一定的规律对已有的信息进行分类处理并加以利用，这种分类方法称为无监督模式识别。利用该方法对大量的样品进行分类，而且事先并不知道可能分成几类和每一类的特征，只是采用数学方法使得同一类样品性质相似，而类与类间各不相同。常见的方法有系统聚类方法、最小生成树方法、映射图等方法。对于毫无规律的大量数据来进行分类研究而言，聚类分析是一种建立分类模型的有效方法，它的主要分类思想是"物以类聚"，同类样品的性质是相似的，在多维空间中，距离相对较小；相反不同类的样本，则距离相对远些。

其中系统聚类主要过程为：①计算样本之间类之间的距离；②在各自成类的样本中将距离最近的两类进行合并，重新计算类与其他类间的距离，并按最小距离归类；③重复②的过程，每次减少一类，直至所有样本称为一类为止。在无任何先验已知的样品类别属性的情况下，往往也可以采用无监督方式的特征提取方式来进行相似性分析，如 PCA 遇系统聚类相结合进行相似性分析的方法，但相似性分析结果往往是很难找到相似规律的，这是由于拉曼光谱的复杂、重叠的特征决定的，一般只有通过有监督方式的特征提取才能得到有效的特征信息。

（1）PPF 相似性分析方法及应用

基于目标主成分及 Fisher 准则的投影方法（PPF），PPF 的算法实现过程如下。

①对包含 q 类样本光谱数据矩阵 A_{nm}，计算得到平均光谱矩阵 $\overline{A}_{qm}$。

②对 $\overline{A}_{qm}$ 进行预处理后，应用主成分迭代算法计算得到目标载荷矩阵 $\overline{W}_{km}$。

③对 A_{nm} 继续（2）中相同的预处理方法后，应用 $\overline{W}_{km}$ 计算得到目标主成分矩阵 T_{nk} 和目标平均主成分矩阵 $\overline{T}_{qk}$。

④对包含 q 类样本的主成分矩阵 T_{nk}，分别计算得到类间散布矩阵 S_b 和类内散布矩阵 S_w。

⑤依据 Fisher 准则，确定目标主成分矩阵的最优投影矢量 x。

⑥应用投影矢量 x 分别计算得到各个样本的投影值及各样本的投影均值。

⑦各类样本投影均值及类内样本投影值离散度的图形和数据报告的输出。

PPF 方法的核心实质是在对于拉曼光谱数据进行有监督方式的二重降维，使样品的高维拉曼特征信息在低 K 空间内，压缩为 1 个或 2 个可在空间内可视化的投影值，以达到直观地对数据结果进行分析与应用，并能够实现有效特征信息的最大化提取。其中，第一重降维借鉴主成分提取的思想方法，第二重降维借鉴广泛应用人脸识别等图像中的 Fisher 准则进行信息提取的思想方法。有监督方式即为可人为地任意设定样品的类别属性，并利用给定的类别信息进行特征提取，无须样品的任何化学成分信息，却综合利用了包含在拉曼光谱中的丰富的样品信息，采用的有监督模式的 "Fisher" 准则投影值计算可使类内离散度极小化，类间距离极大化，实现类属关系的表达效果是系统聚类等无监督相似方法很难达到的。

Fisher 准则函数能够将样本在投影矢量上的类间离散度和类内离散度有机结合在一起，为确定最优投影方向提供了一个准则。取极大化目标函数的矢量 x 作为投影方向，类间离散度和类内离散度之比达到最大值，采用监督模式的距离计算可合理化控制内类距离的离散度，其实现的类属关系描述效果是系统聚类等无监督聚类方法很难达到的，因此，PPF可得到类间为绝对关系的低维空间投影图，以达到直观地对数据结果进行分析与应用；直接利用拉曼光谱得到直观的分类映射图和类内离散度，可进行食品原料的配方重组设计与品质一致性检测、评价与反馈。

（2）SIMCA相似性分析方法及应用

SIMCA是一种类模型方法，即对每类构造一个主成分分析的数学模型，在此基础上进行样本分析。SIMCA是目前在化学分析中得到广泛应用的化学模式识别方法。在SIMCA算法描述中对于第q类样本，其主成分模型可表示为：

$$x_{ij}^q = \bar{x}_j^q + \sum_{a=1}^{Aq} t_{ia}^q l_{ja}^q + e_{ij}^q \tag{3-22}$$

式中，$\bar{x}_j^q$是类q中变量j的均值；Aq是类q中主成分的数目；t_{ia}^q是样本i对主成分a的得分；l_{ja}^q是变量j对主成分a的载荷；e_{ij}^q是第i类样本第j变量的残余误差。

于是，类q的总残余方差为：

$$S_i^2 = \sum_{i=1}^n \sum_{j=1}^p \frac{e_{ij}^2}{(n-A_q-1)(p-A_q)} \tag{3-23}$$

对于样本i，残余方差为：

$$S_i^2 = \sum_{j=1}^p \frac{e_{ij}^2}{(p-A_q)} \tag{3-24}$$

在n维空间中，类间的分离程度可利用每类的残余方差来确定。定义类p和类q间的距离为：

$$D_{pq}^2 = \frac{S_{pq}^2 + S_{qp}^2}{(S_0^2)_p + (S_0^2)_q} \tag{3-25}$$

式中，S_{pq}^2为用类q的模型拟合类p中各点所得的残余方差；S_{qp}^2则为用类p模型拟合类q中各点的残余方差。D_{pq}^2值越小，类间的相似程度越高。

由于D^2是一个描述类间分离程度即表示类间差异的一个指标数据，且是非归一化数据，其直观易读性不够好，因此，提出了在某一主成分归一化的条件下，可用来表示类间相似性的一种表达公式，定义的类p和类q间的相似度公式为：

$$Sin_{pq} = 1 - \frac{D_{pq}^2}{\sqrt{\sum_{p=1}^{n-1}\sum_{q=p+1}^{n} D_{pq}^2}}$$　　　　（3-26）

式中，n 表示样本的类别数；Sin 的取值范围为 0 ～ 1 之间，Sin 值越大，表明相似性越高。

　　下面介绍一个应用该方法对不同部位的烟叶样品品质特性进行相似性分析的实例。

　　在烟叶的质量管理中，部位的特征是非常重要的，烟叶根据其在植株上生长位置不同可分为 5 个部分，分别为顶叶、上二棚叶、腰叶、下二棚叶和脚叶。不同的烟叶部位在物理特性、化学成分以及评级特性等方面都有各自不同的特点，从评吸特性上来看，越往顶部香气越饱满，香气浓度越往顶部越高，劲头和刺激性也相应增加。在实际的烟叶生产加工中，有时并不需要对烟叶的不同外部特征进行分类识别，只要得到不同分类情况下类间的品质相似性关系即可，以可靠的相似性分析结果作为依据，制定出符合烟叶产品内在品质特性规律的类别组合，对烟叶产品质量的提升、生产成本的降低以及复烤配方的设计等都具有非常重要的作用。

　　试验以云南玉溪地区的 K326 品种 5 个部位各 100 份烟叶样品，共计 500 份试验材料。试验仪器与测试方法为 MPA 型傅立叶变化拉曼光谱仪，光谱扫描范围为 12000 ～ 4000cm^{-1}，分辨率为 8cm^{-1}，扫描次数 64 次。采用的光谱数据预处理方法为一阶导数 +15 点平滑，谱区选择范围为 8000 ～ 4000cm^{-1}。由于在基于 SIMCA 算法建立相似性分析模型时没有较好的优化确定主成分数目的方法，因此提出了一种基于试验数据和经验的主成分数的确定方法，在得到的相邻主成分数的相似性分析结果无显著性差异的情况下，采用的主成分数最少为基本原则。

　　对 500 个烟叶样品的拉曼光谱数据建立的相似性分析数学模型中，得到的 1 ～ 8 个主成分下不同部位之间 D^2 值见表 3-6。相邻主成分数下对应的两列 D^2 值之间的 R^2 值见表 3-7。R^2 值越接近 1，表示相邻主成分数下部位之间的 D^2 值差距越小，当 R^2 值大于 0.99 时，认为两个主成分数下得到的相似性分析结果没有显著性差异。

表3-6 不同主成分数下的部位间 D^2 值

项目		T–P	P–B	X–T	P–C	X–B	X–C	T–C	X–P	C–B	T–B
主成分	1	5.85	3.77	4.49	1.83	2.80	1.38	2.24	1.14	1.40	1.28
	2	11.09	8.97	7.91	3.29	6.11	2.12	2.74	1.22	2.02	1.16
	3	8.87	5.56	6.35	3.13	3.96	2.02	1.87	1.36	1.44	1.16
	4	3.77	3.07	2.66	2.19	2.18	1.52	1.32	1.32	1.19	1.14
	5	3.19	2.7	2.34	2.06	1.95	1.45	1.43	1.36	1.30	1.18
	6	2.84	2.56	2.50	1.97	2.12	1.53	1.50	1.69	1.40	1.22
	7	3.10	2.80	2.76	2.07	2.36	1.62	1.52	1.46	1.40	1.27
	8	3.16	2.90	2.82	2.12	2.49	1.70	1.51	1.41	1.43	1.29

由表3-7可以看出，4～5个主成分数之间对应的 R^2 值已经大于0.99。遵循相邻主成分数下得到的相似性分析结果没有显著性差异和主成分个数尽量少的原则，推荐主成分数为4个下得到的 D^2 值来求解类间相似度值，其对应的各烟叶部位间的相似度见表3-8。

表3-7 相邻主成分数对应的两列 D^2 值之间的 R^2 值

项目	R^2
1–2	0.969
2–3	0.976
3–4	0.974
4–5	0.997
5–6	0.979
6–7	0.998
7–8	0.998

表 3-8　4 个主成分数下烟叶部位之间的相似度数Sim值

T-P	P-B	X-T	P-C	X-B	X-C	T-C	X-P	C-B	T-B
0.46	0.56	0.69	0.69	0.78	0.81	0.81	0.83	0.84	0.84

由表 3-8 可以得出，顶叶与上二棚叶之间的部位相似性最高；顶叶与脚叶之间的部位相似性最低；在相邻部位的相似性结果中腰叶和下二棚叶的相似性最低，甚至低于跨一个部位的腰叶和顶叶之间的相似性；上二棚叶和腰叶与下二棚叶和脚叶之间的相似程度都高于腰叶和顶叶之间的相似性，而低于顶叶与上二棚叶之间的相似性。

3.3.3　解析拉曼光谱定性分析过程

应用拉曼光谱对样品成分进行定性分析的方法和技术目前已经基本趋于成熟，在对漫反射光谱信号进行预处理时导数方法一般都需要采用偏最小二乘法来建立校正模型，PLS 主因子数可以通过交叉验证方法来确定，都已经被普遍的认可和采用。

1. 定性分析预处理方法的选择

在应用定性分析时，针对不同的测量方式或待测样品的特点，对拉曼光谱信号所采用的预处理方法可参考相应情况下建立定量分析模型时所采用的预处理方法。

2. 在应用拉曼光谱建立识别模型时

（1）对于一些组成成分相对简单的物质体系（如人工合成的化学材料），可以直接应用预处理后的光谱数据为基础，选择合适的光谱区间，采用相对简单的数学方法来建立识别或判别模型。

（2）对于一些相对复杂的物质体系（如天然产物等），由于拉曼光谱本身特征一般需要对其采用特征提取的手段（数据压缩或挖掘）。

（3）所采用的建立识别模型方法中进行特征提取的手段应该是有监督方式的，如 DPLS 和 SIMCA 等方法，这同样是由于拉曼光谱的复杂、重叠的特征所决定的，只有通过有监督方式的特征提取才能得到更有针对性和有效的光谱信息；这和在建立定量分析模型时，一般采用 PLS（一种典型的有监督方式特征提取建立回归模型的方法），而不使用 PCR（一种典型的无监督方式特征提取建立回归模型的方法）是一样的道理。

（4）在进行特征提取时，特征因子或主因子数的确定方法，可参考建立 PLS 定量模型时采用的"内部交叉验证"方法来确定，不过不是以 *PRESS* 值而是以识别率或误判率为依据进行确定。

（5）在建立识别模型时，模型中的类别数不宜过多（5 类以上），目前无论从理论上还是实践上，很难找到以拉曼光谱数据为基础来建立大量类别归属的模式识别方法。

（6）对于一些本身就具有联系性质的样本（如烟叶部位，营养成分的含量高低），不宜建立识别模型，或不宜仅仅采用简单的类别归属的方法来建立识别模型，而建议采用相似性等分析方法。

3.在应用拉曼光谱进行相似性分析时

（1）再无任何先验已知样品类别属性的情况下，往往也可以采用无监督模型的特征提取方法来进行相似性分析，如 PCA 遇系统聚类相结合进行相似性分析的方法，但相似性分析结果往往是很难找到相似性规律的，这也是拉曼光谱的复杂、重叠特征决定的，一般只有通过有监督方式的特征提取才能得到有效的特征信息。

（2）在进行相似性分析时，特征因子或主因子数的确定，内部交叉验证方法很明显已无法使用，目前还没有较为成熟的方法。建议采用的主因子数不宜大于样本的类别个数，同时依据采用的主因子数在与其相邻的主因子数下得到的相似性分析结果尽可能一致的原则，并结合尽管判断进行选取。

（3）投影寻踪体系是一种由监督方式特征提取来进行空间相似性表达的一种投影技术，该体系中的许多方法是适合应用拉曼光谱进行相似性分析的，该体系中许多方法可应用在拉曼相似性分析中，同时拉曼定性分析技术的发展也将进一步完善发展该体系。

第4章　基于近红外光谱的食品、食品品质及安全检测方法研究

4.1　近红外光谱掺假检测

4.1.1　食用油掺假检测

食用油的掺伪包括利用低价食用植物油或非食用油脂伪造，或者在高价食用油中掺入低价食用植物油，甚至掺入废弃食用油脂（地沟油）等。近年来出现的鉴别掺伪食用油的方法主要集中在电子鼻法、红外光谱法、介电谱法、电导率法等。由于掺伪食用油的品种及来源不断增加，尤其是地沟油等非食用油脂的加入，掺伪鉴别技术需要考虑和处理的因素及体系变得更加多元和复杂。

各类劣质食用油俗称地沟油，包括狭义的地沟油、废弃油、潲水油、煎炸老油等。劣质食用油的形成及回收过程，通常伴随一系列复杂的化学反应（氧化、酸败及分解等），其理化指标检测（过氧化值、酸价、水分等）严重超出正常范围，并产生苯并芘、黄曲霉素等有害物质。因此常通过检测食用油的理化性质作为分析基础，并结合仪器分析其成分、含量、特性，用于鉴别食用油品质的优劣及是否掺伪。传统检测方法和新型快速检测方法主要有理化检测法、电导率测定法、色谱检测技术、电子鼻技术、核磁共振法、免疫分析法等，这些方法存在需要化学试剂、耗时长、破坏样品且不适合现场检测等缺点，因此

市场急需快速无损实时鉴别出掺假劣质食用油。

Baeten 和 Aparicio[1] 利用 FT-Raman 测定橄榄油中榛子油的含量，对油品及其皂化物质采集光谱，结果表明近红外光谱法可以检测各种食用油脂及检测油脂的掺杂。Marigheto 等[2] 获取了橄榄油 FT-Raman 光谱，采用线性判别分析与 ANN 神经网络相结合实现橄榄油的判别，鉴别率为 93.1%。Yang 和 Irudayaraj[3] 利用 800 ～ 3200cm^{-1} 的 FT-Raman 光谱对橄榄油掺杂鉴定，利用 PLS 建立了特级初榨橄榄油中橄榄油掺量的预测模型，相关系数高达 0.997，预测误差为 1.72%。

黎远鹏[4] 应用光纤拉曼散射光谱对常见合格食用油和劣质食用油进行了定性鉴别研究。通过便携式光纤近红外光谱仪获得了橄榄油、花生油、玉米油、劣质食用油（废弃油、狭义地沟油、潲水油、煎炸老油）4 种样品 73 个样本的 700 ～ 1800cm^{-1} 近红外光谱数据，如图 4-1 所示，结合 PLS-DA 判别分析法和特征波段比值法建立合格油和劣质油的鉴别模型。结果表明 PLS-DA 判别模型的训练集和预测集的判别准确率均为 100%。此外，通过波段特征的选择，采用不同近红外光谱特征峰对应强度比值法建立的判别模型的判别准确率同样均为 100%。

① Baeten V, Aparicio R. Posibilidades de las tecnicas espectroscopicas infrarroja y Raman para la autentificacion del aceite de oliva virgen[J]. Olivae Revista Oficial Del Consejo Oleicola Intemacional, 1997: 38-43.

② Marigheto N A, Kemsley E K, Defemez M, et al. A comparison of mid-infrared and Raman spectroscopies for the authentication of edible oils[J]. Journal of the American Oil Chemists Society, 1998, 75（8）: 987-992.

③ Yang H, Irudayaraj J. Comparison of near-infrared, Fourier transform-infrared, and Fourier transform-Raman methods for determining olive pomace oil adulteration in extra virgin olive oil[J]. Journal of the American Oil Chemists Society, 2001, 78（9）: 889-895.

④ 黎远鹏. 基于拉曼光谱法的食用油定性鉴别与掺伪含量检测研究 [D]. 暨南大学论文, 2016.

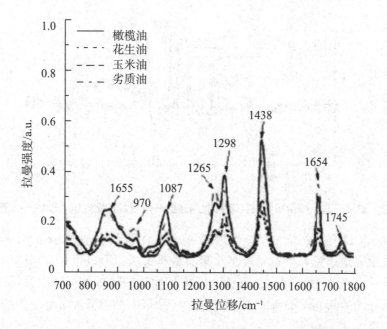

图4-1 橄榄油、花生油、玉米油和劣质油近红外光谱预处理图

油茶籽油具有较高的营养成分和保健功能，是一种健康高值的食用植物油。受利益驱使，油茶籽油掺伪现象屡禁不止，包括掺入低价食用油及掺入废弃地沟油等。邓平建等[①]以不同产地、不同品牌、不同批次的油茶籽油为研究对象，通过分别在油茶籽油中掺入6个不同种类及不同浓度的低价植物油（大豆油、玉米油、菜籽油、葵花籽油、棕榈油、棉籽油），5种不同来源和批次的餐厨废弃油脂，建立了快速鉴别油茶籽油的近红外光谱聚类分析方法，利用显微近红外光谱仪分别获取上述油样在532nm激发光源下的近红外光谱信息，如图4-2所示。按多步聚类分析的方式，建立油茶籽油与非油茶籽油、油茶籽油与棕榈油、油茶籽油与掺伪样品、油茶籽油与掺假样品4个独立而又相互衔接的模块，取得了较好的聚类分析效果。

———————
① 邓平建，梁裕，杨冬燕，等. 基于拉曼光谱聚类分析快速鉴别掺伪油茶籽油 [J]. 中国粮油学报，2016，31（4）：72-75.

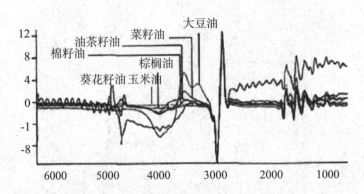

图 4-2　油菜籽油、低价植物油和精炼地沟油的一阶导数扩展光谱（532nm 激光光源）

由于油茶籽油与低价植物油及精炼地沟油样品间光谱形态的差异显著，基于全波段光谱信息和形态结合多步聚类分析方法，可以建立鉴别掺伪油茶籽油聚类分析方法模型，对油茶籽油、低价植物油、精炼地沟油、5% 及以上的掺杂油茶籽油的判别正确率为 100%，对 5% 及以上的掺假油茶籽油掺杂植物油判别正确率为 92% 以上。

核桃油富含油酸和亚油酸，不饱和脂肪酸总量达 90% 以上，由于其具有较高的价值，核桃油掺假的行为屡禁不止，因此研究建立核桃油掺假的快速筛查具有重要的现实意义。王红等[①]应用便携式激光近红外光谱仪，获取纯核桃油和各个掺假样品的 1000 ～ 1800cm^{-1} 近红外光谱，如图 4-3 所示，经基线调整和归一化处理后，提取 1074cm^{-1}、1256cm^{-1}、1296cm^{-1}、1436cm^{-1}、1655cm^{-1}、1751cm^{-1}6 个主峰的相对近红外光谱强度作为 6 个变量，运用主成分分析法（PCA）得到 2 个主成分，纯核桃油与掺入不同质量分数的掺假油分处不同区域，能够将纯核桃油与掺假油鉴别区分，掺入棕榈油质量分数的预测值与已知值的相对误差为 1.01% ～ 2.35%，从图 4-4 可以看出，其随棕榈油掺入量的增加，核桃油掺假样品在 1256cm^{-1} 处的近红外光谱相对强度逐渐降低，同时以 1256cm^{-1} 处近红外光谱相对强度结合线性方程回归分析法建立掺假定量分析。

① 　王红，付晓华，王利军，等 . 应用激光拉曼光谱法检查核桃油的掺假 [J]. 理化检验（化学分册），2014，50（1）：23-26.

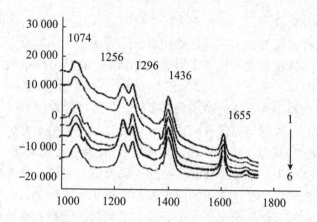

图4-3 6种纯油原始近红外光谱图

曲线1～6分别对应核桃油、大豆油、玉米油、棉籽油、花生油、棕榈油。

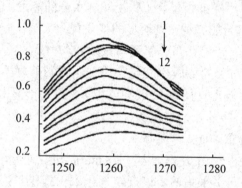

图4-4 掺入棕榈油的核桃油样品的近红外光谱图

曲线1～12对应掺入棕榈油的质量分数依次为0%、5%、10%、20%、30%、40%、50%、60%、70%、80%、90%、100%。

4.1.2 牛肉掺假检测

近红外光谱技术作为一种快速、灵敏的无损检测技术被广泛应用于食品品质检测，但是在严重危害消费者的牛肉同源肉掺假检测方面仍缺乏研究。因此，近红外技术用于检测牛肉掺不新鲜肉的研究开展了。

光谱预处理和波长选择作为光谱分析的重要步骤，两者之间是相互影响的，因此在进行光谱数据处理时，两个步骤应该同时进行考虑。然而在实际应用中，预处理和选择光谱波长一般是分开进行的，仅有少量研究同步选择波长和预处理方法。例如曾立波等采用 GA 方法同步选取近红外光谱分析中的特征波长和预处理方法，将所有波长和不同预处理方法编码成一个二值数组，其中交叉验证均方根误差与决定系数的比值作为适应度函数。在研究中他们发现特征波长和预处理方法的同步选择可以显著提升油菜种子化学分析模型预测精度。然而，波长选择和预处理方法选择的顺序及各预处理之间顺序对模型结果的影响并未加以研究，另外尽管遗传算法有较强的全局寻优能力，但是它也有一些缺陷例子，如局部寻优能力较差、容易早熟、搜寻效率较低及在寻优后期寻优速度较低。

因此在本小节中，采集了掺假牛肉样本的近红外光谱，将人工鱼群算法用于近红外光谱波长和预处理方法的同步选择。建立全波长 PLSR 模型和基于遗传算法、人工鱼群算法的简化 PLSR 模型，并对特征选择和预处理先后顺序对光谱处理的影响进行研究。

某食品有限公司在采购来自不同牛的牛后腿肉和牛腩各 0.5kg，经搅拌机粉碎并混合均匀后，用保鲜膜包装（防止样本水分的蒸发），置于（28±2）℃的环境中保存 2d，直至能够观察到明显的变质现象（例如异味、褐变和黏液）。取新鲜牛后腿肉 2kg，粉碎并与非新鲜肉按照 0%，1%，3%，5% ～ 60%（梯度为 5%）和 100%（w/w）的掺假梯度混合均匀制作掺假样本，最后将混合均匀的掺假牛肉样本依次放入直径为 4cm、高度为 2.5cm 的铝盒中，压实并密封待测。除纯新鲜牛肉为 2 个样本外，其他各梯度均制备 4 个重复，共得 62 个掺假牛肉样本，每个样本约重 30g。

试验中，近红外光谱数据是通过 Antaris Ⅱ FT 近红外光谱仪（美国 Thermo Scientific 公司）采集的。该近红外光谱仪提供了透射分析模块、积分球固体采样模块、片剂分析模块和光纤分析模块四种采样模块。近红外光谱仪的波数范围为 10 000 ～ 4000cm⁻¹，对应的波长范围为 1000 ～ 2500nm，采样间隔为 3.856cm⁻¹，光谱波长点共 1557 个。

近红外光谱仪采集掺假牛肉样本的近红外光谱数据，采用积分球漫反射方式采集样本漫反射光谱，仪器主要工作参数分别设置为扫描次数 32 次，分辨率为 8cm⁻¹。在采集之前，仪器需开机预热 2h；在采集过程中，保持仪器状态始终不变，保证试验环境的稳定和安静，防止外界因素对数据造成影响，保证数据的可靠性。

将 62 个掺假牛肉样本划分为 40 个校正集和 22 个测试集，校正集数据用于建立模型，测试集数据用于检测模型性能。在本小节中我们基于偏最小二乘分析方法建立多种模型，包括基于全波长光谱的偏最小二乘全波长模型、基于特征波长的偏最小二乘简化模型。在建立全波段模型之前，单独或结合使用一阶导（1st）、二阶导（2nd）、标准化（NORmalization，NOR）、多元散射校正（Multiplicative Scatter Correction，MSC）和标准正态变量变换（Standard Normal Variable Transformation，SNV）预处理方法处理光谱数据；在建立简化模型时，我们首次将人工鱼群算法用于同步选择预处理方法和特征光谱，并与最常用的特征选择方法遗传算法进行比较，另外为研究预处理与波长选择先后顺序对模型结果的影响，建立先预处理再选择波长（PW）和先选择波长再预处理（WP）两种类型的简化模型。因此在本小节中我们对以下 5 种模型进行研究：全波长模型（FW），基于遗传算法的先预处理再选择波长模型（PW_GA），基于人工鱼群算法的先预处理再选择波长模型（PW_AFS），基于遗传算法的先选择波长再预处理模型（WP_GA），基于人工鱼群算法的先选择波长再预处理模型（WP_AFS）。基于人工鱼群算法的特征提取方法，同步选择近红外特征波长和预处理方法，建立基于人工鱼群算法的简化模型。主要步骤和参数设置如下：

（1）初始化和编码

人工鱼群初始化参数设置如下：种群数目（N）为 50，最大迭代次数（iterate times）为 100，尝试次数（try_number）为 5 和拥挤度因子（δ）为 2，视野变动的范围（$Visual_{max}$）为 120，视野最小值（$Visual_{min}$）为 8，步长变动范围（$Step_{max}$）为 8，步长最小值（$Step_{min}$）为 2。图 4-5 和图 4-6 分别为视野和步长与迭代次数的相关曲线。

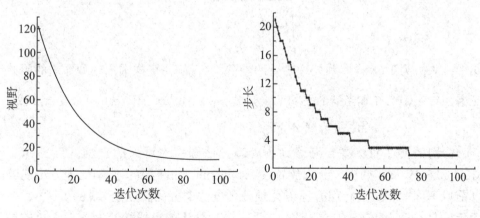

图 4-5 视野变化曲线　　　　　图 4-6 长变化曲线

从图 4-5 和 4-6 可以看出它们的值总体随着迭代次数的增加而减小，且减少速度越来越小。另外值得注意的是，两条曲线均出现阶梯，这是由于在更新视野和步长时，为了保证两参数为整数，进行了四舍五入的处理。

为方便波长和预处理方法的同步选择，每条人工鱼的长度为波长点数（1557）和预处理方法数目的总和，近红外波长从 4000cm⁻¹ 到 7000cm⁻¹ 共1557 个波长点，预处理方法备选择对象有一阶导、二阶导、标准化、多元散射校正和标准正态变量变换。其中，一阶导和二阶导预处理方法常用于光谱分析中常用的基线校正。近红外光谱经常出现偏移和漂移现象，对预测模型的准确性和鲁棒性造成影响。而导数预处理能有效地消除背景和基线的干扰，区分重叠峰，提升灵敏度和分辨率。一阶导适合于校正基线的偏移，二阶导适合于校正基线漂移（Gorry P A 1990）。由 Martens 等人（Martens H and Stark E 1991）提出的多元散射校正能够校正样本颗粒分布和颗粒大小不均或样本容器不同而产生的散射对光谱造成的影响。该预处理方法以所有样本的平均光谱为"标准光谱"对其他光谱进行校正，增强了与待测信息相关的光谱吸收信息，提升了光谱的信噪比。与 MSC 类似，SNV 主要是用来消除表面散射、样本颗粒大小及光程变化对光谱的影响。SNV 法假设每条光谱中所有波长点的反射率或吸光度值应该满足一定的分布规律（如正态分布），利用这一假设处理光谱，将原始光谱减去该光谱平均值后，再除以该光谱的标准偏差，式 4–1 为具体计算公式。NOR 一般用于消除多余信息，增强各样本之间的差异，从而提高模型的预测能力和稳健性，NOR 的计算公式与 SNV 基本相同。不同的是 SNV 对一条光谱进行处理，而 NOR 是对一组光谱进行处理。

$$X_{i,\text{SNV}} = \frac{X_{i,k} - \bar{X}_i}{\sqrt{\dfrac{\sum_{k=1}^{m}\left(X_{i,k} - \bar{X}_i\right)^2}{(m-1)}}} \tag{4-1}$$

式中，$X_{i,\text{SNV}}$ 为第 i 个样本预处理之后的光谱，$X_{i,k}$ 为第 i 个样本预处理之前的原始光谱，$\bar{X}_i$ 为第 i 个样本光谱的平均值（标量），$k = 1, 2, \cdots, m$，m 为波长点数；$i = 1, 2, \cdots, n$，n 为校正集样本品数。

特别需要注意的是，考虑到预处理方法顺序对结果的影响，将 NOR，MSC 和 SNV 重复两次，分别放置在 1st 和 2nd 前后两侧，使预处理方法能够以前后不同的方式进行组合，因此预处理方法部分的长度为 8（3+2+3），人工鱼的总长度为 1565（1557+8）。为了增加算法的鲁棒性，每条人工鱼的初始状态是随机选择的。

（2）迭代优化

在每次迭代中，每条个体鱼通过目标函数 [$R_{cv}/(1 + RMSECV)$] 从觅食、聚群、追尾和随机行为中选择最优的行为来更新各自的位置。并根据种群中当前最大目标函数与公告板决定是否更新公告板。然后进入下一次迭代，直至迭代结束。

（3）解码

迭代结束后获得人工鱼群的最优位置。通过解码人工鱼群的最优位置来获取波长点和预处理方法的最优组合，即统计出人工鱼群最优位置中数值为1的元素及其对应的波长点和预处理方法。最终，根据选择的特征波长和预处理方法用于光谱的简化和预处理，并将处理后的光谱用于建立基于偏最小二乘回归的牛肉掺假检测模型。

图4-7为所有牛肉样本的原始近红外反射光谱。由图可知，所有光谱曲线较为平滑，表明光谱中噪声较少。另外各光谱在 4000 ～ 7000cm^{-1} 之间的反射率较低均小于 10%，并存在一个反射峰（6031cm^{-1}）和反射谷（6863cm^{-1}），在 7000 ～ 10 000cm^{-1} 之间光谱曲线的反射率较高均大于 10%，且存在两个反射高峰（7893cm^{-1} 和 9174cm^{-1}）一个反射谷（8285cm^{-1}）。

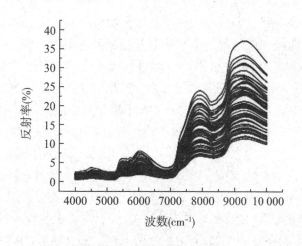

图4-7 牛肉样本原始光谱

以掺假牛肉样本原始光谱为研究对象，运用偏最小二乘法分别建立全波长模型（FW）、基于遗传算法的先预处理再选择波长模型（PW_GA）、基于人工鱼群算法的先预处理再选择波长模型（PW_AFS）和基于遗传算法的先选择波长再预处理模型（WP_GA）用于牛肉掺假检测。表4-1分别为以上五种建模类型（FW、WP_GA、WP_AFS、PW_GA 和 PW_AFS）中性能最好的模型结果。

表 4-1　近红外光谱 PLSR 模型预测结果

模型	波长选择	预处理	波数	LVS	$RC2$	$RCV2$	$RP2$	$RMSEC$	$RMSECV$	$RMSEP$	RPD
FW	None	None	1557	9	0.95	0.86	0.80	0.06	0.11	0.09	2.26
WP	GA	1st-NOR	89	9	0.97	0.91	0.81	0.05	0.09	0.09	2.29
	AFS	None	18	11	0.96	0.88	0.88	0.06	0.09	0.07	2.95
PW	GA	None	87	9	0.97	0.93	0.77	0.05	0.08	0.10	2.10
	AFS	None	25	11	0.98	0.90	0.88	0.04	0.08	0.07	2.95

由表 4-1 可知，五个模型的 RPD 均大于 2，WP_AFS 和 PW_AFS 甚至接近 3 达到 2.95。这表明五个模型均能用于牛肉掺假检测。

为研究波长选择和预处理先后顺序对建模结果的影响，我们分别对比分析 WP_GA 和 PW_GA，WP_AFS 和 PW_AFS 模型后发现，虽然 PW_GA 与 WP_GA 相比有略大的交叉验证决定系数（$RCV2$ 为 0.93）和略小的交叉验证均方根误差（$RMSECV$ 为 0.08），但是 WP_GA 模型预测集决定系数（$RP2$ 为 0.81）大于 PW_GA 模型，$RMSEP$（为 0.09）略小于 PW_GA，且 WP_GA 模型交叉验证均方根误差与预测均方根误差相等（均为 0.09），表明 WP_GA 模型预测准确性和稳定性优于 PW_GA。基于人工鱼群算法简化模型方面，WP_AFS 和 PW_AFS 的剩余预测偏差（RPD）、测试集决定系数与均方根误差大小相等，表明两个模型对测试集的预测效果相同。另外，与 WP_AFS 相比，PW_AFS 的校正和交叉验证决定系数略大（$RC2$ 为 0.98，$RCV2$ 为 0.90），均方根误差略小（$RMSEC$ 为 0.04，$RMSECV$ 为 0.08），且 $RMSECV$ 与 $RMSEP$ 差值较小，表明 PW_AFS 模型较稳定且对校正集和交叉验证集的预测精度优于 PW_AFS。综上分析可知，波长选择和预处理先后顺序对基于遗传算法和人工鱼群算法简化模型的影响是不同的，基于遗传算法的简化模型选择先选波长再预处理（WP）的处理方式，模型性能更优，相反的，基于人工鱼群算法的简化模型选择先预处理再选择波长（PW）的处理方式，模型性能略优。

为研究特征提取方法对模型的影响，分别对比分析了 GA 和 AFS 两种特征提取算法的最优模型。由上文分析可得，基于遗传算法简化模型的最优模型为 WP_GA，该模型是基于经过 1st 和 NOR 处理后的 89 个特征波长建立的，模型的 *RPD* 为 2.29，*RMSEC*、*RMSECV* 和 *RMSEP* 分别为 0.05、0.09 和 0.09，性能优于 FW，表明模型可以用于牛肉掺假检测，并有一定的精度。基于人工鱼群算法简化模型的最优模型为 PW_AFS，模型的 *RPD* 大于 2.5 为 2.95，*RMSEC*、*RMSECV* 和 *RMSEP* 的值较小分别为 0.04、0.08 和 0.07，且该模型是基于仅仅 25 个原始特征波长建立的，减少了计算量和模型的复杂度，性能优于 PW_AFS 和 FW，为 5 个模型中性能最优的模型，表明基于人工鱼群算法用于同步选择波长和预处理方法，可以简化模型并提升模型性能。

PW_AFS 作为性能最优模型，不仅预测精度较高而且鲁棒性较好。图 4-8（a）为 PW_AFS 模型的校正集和交叉验证集散点图，其中横坐标为样本真实掺假浓度，纵坐标为样本掺假浓度的预测值，空心圆表示校正集样本，实心圆表示交叉验证集样本。

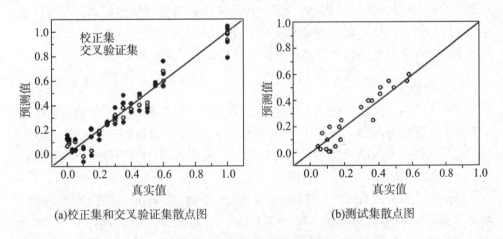

(a)校正集和交叉验证集散点图   (b)测试集散点图

图 4-8 PW_AFS 模型散点图

由图 4-8（a）可知，校正集除了在少数低浓度掺假样本偏离对角线略远外，大部分样本均靠近对角线。表明校正模型对纯新鲜肉和掺假浓度较低的样本预测能力较差，可能是由于纯新鲜肉的特性与掺假样本相差太大，而低浓度样本混合不均匀导致的。图 4-8（b）为 PW_AFS 模型的测试集散点图，图中散点偏离对角线的距离均较小，表明模型对测试集预测效果较好。因此，基于人工鱼群算法简化近红外模型能够较为准确的检测出不同掺假浓度牛肉样本的掺假浓度。

4.2 近红外光谱品质检测

4.2.1 食品品质检测

受存放时间、温度、密封性等影响,食用油在储存过程中容易发生氧化变质,不仅会影响油脂的色泽、风味,而且还会破坏其中的酶、蛋白质等成分,从而导致酸价、过氧化值等质量指标数值升高,降低营养质量。过氧化值和酸价质量指标是检测油脂新鲜度和质量等级的判断标准。因此,快速准确的食用油品质检测方法有助于保障食用油的规范安全。目前检测油脂过氧化值质量指标的方法主要有感官鉴别、电导法等物理监测方法,荧光法、色谱法、质谱法等化学检测方法,核磁共振法、光谱法、电子鼻等仪器检测方法。虽然这些方法具有较高的检测精准度,但是存在仪器昂贵、操作复杂、耗时长及破坏样品等缺点。因此,需要一种快速无损可靠的检测方法来满足食用油的检测需求,光谱检测技术可以快速、简便、可靠地实现劣质食用油的鉴别与掺假,其在一定程度上要优于常规理化及色谱技术等检测方法,应用前景广阔。

1.过氧化值

正常食用油与劣质食用油之间过氧化值(POV)差距较大,过氧化值可以作为分辨劣质食用油和合格食用油的指标之一;此外,油脂的过氧化值(POV)指标在一定情况下也能反映油脂的腐败过程。利用近红外光谱分析技术对油脂过氧化值质量指标的检测成了研究热点。

靳昌昌[①]采集稻米油、玉米油、大豆油、花生油、芝麻油、菜籽油、山茶油、橄榄油及不同品牌的调和油 $600 \sim 3000cm^{-1}$ 的近红外光谱,同时参照 GB/T 5009.37—2003 测得 155 个油样过氧化值范围为 $0.4 \sim 15.55mmol/kg$。采用 SPA 共提取 29 个特征波长,建立 SVM、LS–SVM、PCR、PLS 等多种算法的非线性分析模型,结果表明 LS–SVM 的建模效果最好,校正集和预测集的相关系数是 0.977 和 0.949,均方根误差分别是 1.102mmol/kg 和 1.869mmol/kg。

---

① 靳昌昌.食用植物油质量指标拉曼光谱快速检测方法研究 [D].华东交通大学论文,2016.

Guzmán 等[①]利用低分辨率近红外光谱技术监测橄榄油氧化状态，用探针直接采集了 126 个氧化橄榄油和初榨橄榄油样品中 $200 \sim 2700cm^{-1}$ 的低分辨率近红外光谱（图 4-9），测定了过氧化值、K232、K_{270} 等一级和二级氧化参数，采用局部最小二乘法建立氧化参数定量预测模型，对过氧化值、K232、K_{270} 参数预测均取得了较好的结果，如图 4-10 ~ 图 4-12 所示，相关系数 R^2 分别为 0.91、0.90 和 0.88，均方根误差分别是 2.57、0.08 和 0.37。

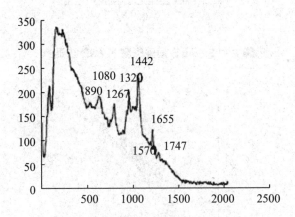

图 4-9　初榨橄榄油的典型近红外光谱

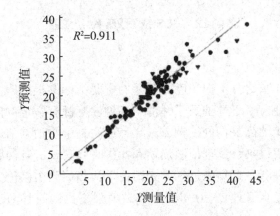

图 4-10　PLS 模型预测过氧化值结果

① Guzmán E，Baeten V，Piema J A F，et al. Application of low-resolution Raman spectroscopy for the analysis of oxidized olive oil[J]. Food Control，2011，22（12）：2036-2040.

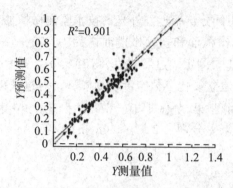

图 4-11 PLS 模型预测 K232 结果

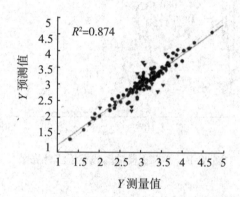

图 4-12 PLS 模型预测 K$_{270}$ 结果

2. 碘值

碘值是衡量油脂组分不饱和度及含量的重要指标，根据碘值的高低可以将油脂分为不干性油、半干性油及干性油。各种油脂都有一定的碘值范围，因此碘值可以作为检验油品真伪的一种方法。韦氏法是植物油碘值经典测定方法，其消耗大量的有机试剂、试剂配制烦琐和操作时间较长，且油脂本身颜色可能干扰滴定终点的判断。近年来近红外光谱技术检测油脂中碘值大小取得进展，研究表明 C—C 键伸缩对 C—H 键引起的散射强度比，与甘油三酯和游离植物油的碘值呈正相关。

董海胜等[①]探究了近红外光谱技术结合化学计量学方法测定植物油碘值的可行性。通过采集 250～2400cm^{-1} 波数范围内的近红外光谱，并对其信号进

---

① 董海胜，臧鹏，李云鹏，等. 激光拉曼光谱结合偏最小二乘法快速测定植物油碘值 [J]. 光电子激光，2013（7）：1370-1374.

行了归属，考察了各种实验条件对近红外光谱的影响，并以传统韦氏法测定得到的碘值作为对比，结合化学计量学方法建立了植物油碘值近红外光谱定量模型，发现大豆油、橄榄油、花生油及其调和油的近红外光谱峰形及位移具有一定的相似性，芝麻油近红外光谱有较强的荧光干扰，峰强度与其他植物油存在着明显的差异。所建立的碘值校正模型的决定系数为 0.9749。交叉验证标准差为 1.15，检验集预测标准差为 1.57，决定系数为 0.9647。

Dymińska 等[①] 获取了 400～3200cm⁻¹ 的向日葵、鳄梨、大麻、高亚麻酸亚麻、低亚麻酸亚麻、红花、核桃、烤芝麻、大米、玉米、油菜、南瓜子、榛子 13 种植物食用油的近红外光谱信息（图 4-13 和图 4-14），同时测定脂肪酸组成、碘值、酸价、过氧化值和皂化值，对与 C—C 和 CH_2 振动对应的 1655cm⁻¹ 和 2852cm⁻¹ 波段的积分强度进行了评估，并用于建立光谱数据与碘值（IV）之间的关系，预测集的相关系数也达到 0.976。因此近红外光谱技术结合化学计量学方法有潜力替代传统韦氏法测定植物油碘值。

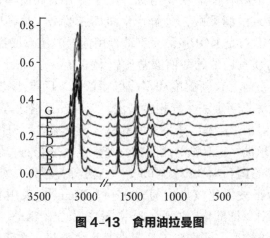

图 4-13　食用油拉曼图

A. 向日葵；B. 玉米；C. 低亚麻酸亚麻；D. 高亚麻酸亚麻；E. 核桃；F. 榛子；
G 油菜

---

① 　　Dymińska L, Calik M, Albegar A M M, et al. Quantitative determination of the iodine values of unsaturated plant oils using infrared and Raman spectroscopy methods[J]. International Journal of Food Properties，2016，20（9）：2003-2015.

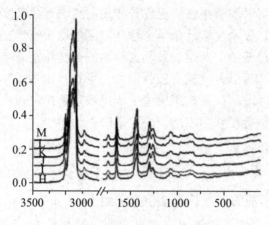

图 4-14　食用油的近红外光谱图

H.烤芝麻；I.鳄梨；J.大麻；K.红花；L.南瓜子；M.大米

3.酸价

酸价是衡量其酸败程度的主要指标。由于多方面的原因，存储和加工食用植物油不当会导致油脂酸败，分解产生游离脂肪酸。根据国家标准食用油的酸值一般要求小于 4mg KOH/g，而正常食用油的酸值一般都比较小（0.2mg KOH/g 左右），劣质食用油的酸值通常比较大（94～150mg KOH/g）。酸价越小，说明油脂质量越好，新鲜度和精炼程度越好。目前，酸价的测定方法主要为试纸法、比色法、滴定法、气相色谱法、近红外光谱法等，这些方法具有测量程序烦琐、需要化学实验、离不开实验室环境及准确性和精度不高等缺点。

靳县县获取稻米油、玉米油、大豆油、花生油、芝麻油、菜籽油、山茶油、橄榄油及不同品牌的调和油 90～3500cm^{-1} 近红外光谱图，如图 4-15 所示，选用食用植物油特征波段比较集中的 600～3000cm^{-1}，采用 Unscrambler10.1 软件自带的 5 点平滑、标准化、3 点一阶微分、3 点二阶微分、3 点三阶微分、3 点四阶微分、基线校正、标准正态变量变换、去趋势、多元散射校正和去噪 11 种预处理方法对油样进行预处理，结果表明近红外光谱对食用植物油酸价具有较好的预测能力，除极个别异常油样外，该模型下绝大多数样品的预测值接近酸价真实值，相对误差在 30% 以内，40 个油样外部验证的相关系数为 0.942，均方根误差为 0.212mg KOH/g。

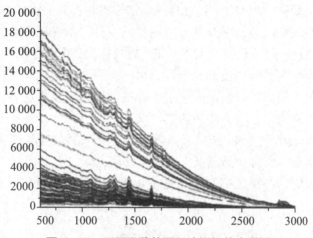

图4-15　不同品牌的调和油近红外光谱图

4.2.2　食品品质检测

　　樱桃番茄因色泽鲜艳、形状优美、味美可口、营养丰富，深受大众喜爱，市场需求量不断扩大。随着人们的生活水平逐步提高，消费者在选购樱桃番茄的时候，对其内部品质提出了更高的要求，樱桃番茄内部品质的传统检测方法主要是化学分析方法，虽然检测结果准确可靠，但是存在着操作繁杂、检测时间长、样品有损等弊端。而近红外光谱方法具有快速精确、样品无损、可多指标同时检测等优点，非常适合应用于对樱桃番茄内部品质的检测，并且近红外光谱技术的基础研究已相对完备，在很多领域都有很好的应用，这为本研究利用近红外光谱技术对樱桃番茄的内部品质进行检测提供了技术支持。因此本章首先对樱桃番茄内部品质的近红外光谱检测方法进行研究，以樱桃番茄的可溶性固形物和番茄红素这两个重要的内部成分指标作为评价樱桃番茄内部品质标准，通过利用近红外光谱技术结合化学计量学方法构建樱桃番茄可溶性固形物和番茄红素含量的定量检测模型，以实现对樱桃番茄内部品质进行快速无损检测。

　　建模方法的选择对模型的最终效果及实用性有重要的影响，偏最小二乘法（PLS）是一种多元回归分析方法，结合了多种数据分析处理方法的特点，是目前应用最广泛的定量回归算法，其构建的模型呈线性相关关系，具有预测性能佳、模型简单、易于实现等优势，本研究建立樱桃番茄近红外光谱模型尝试选择该定量建模方法。由于近红外光谱所包含的信息非常丰富，包含有几百甚至几千个波长点信息，通常除了包含与样品结构组分相关的特征响应信息之外，还含有仪器噪声、样品背景和杂散光等由仪器及样品本身所带来的干涉信息，同时光谱信息还存在严重的冗余问题，如果将这些光谱数据全部用来建模分析，一方面会影响模型的预测精度和稳定性，另一方面会导致建模及预测时间长，影响效率。因此建模时需对样品光谱进行合适的预处理及特征波长筛选，以提升检测模型的检测精度、稳定性和效率。

在超市选购 120 个外观均匀、无损伤病害的不同成熟度"千禧"樱桃番茄作为实验建模样品，所有样品擦拭干净编号备用。

本实验所采用的各种试剂与药品见表 4-2 所列，各种仪器与设备见表 4-3 所列。

表 4-2　试剂与药品

试剂名称	二氯甲烷	2，6-二叔丁基对甲酚	番茄红素标准品
生产厂家	国药集团化学试剂有限公司	国药集团化学试剂有限公司	上海麦克林生化科技有限公司

表 4-3　仪器与设备

设备仪器名称	生产厂家
DLP NIRScan Nano 微型近红外光谱仪	美国德州仪器公司
WAY-2S 数字阿贝折射仪	上海精密科学仪器有限公司
DDHZ-300 台式回旋恒温振荡器	太仓精密科学仪器有限公司
T6 紫外可见光分光光度计	北京普析通用仪器有限责任公司
KQ-300DE 型数控超声波清洗器	昆山市超声仪器有限公司
BSA224S 电子分析天平	北京赛多利斯仪器系统有限公司
LHS-80HC-I 恒温恒湿箱	上海一恒科学仪器有限公司

考虑在 20℃单一温度条件下建立模型，所以在采集 120 个樱桃番茄样品光谱之前，先将样品放入恒温箱（设置 20℃）中储藏 4 个小时以使樱桃番茄各

部分温度达到均匀一致以消除温度对模型的影响。光谱采集采用 DLP NIRScan Nano 微型近红外光谱仪，光谱范围为 900 ～ 1700nm，波长数据为 228 个，按照编号顺序逐一快速从恒温箱中取出樱桃番茄样品，将样品紧贴在微型近红外光谱仪前端的扫描窗口，采集样品近红外光谱，每个样品从两个对称位置分别采集光谱，两次采集的平均光谱为最终样品光谱，数据按照样品编号命名文件保存，光谱采集完成后，导出所有的光谱数据用于后续分析，光谱数据文件中包括波长及强度光谱、反射率光谱和吸光度光谱数据，选择吸光度光谱数据作为建模光谱数据。

樱桃番茄中的可溶性固形物含量测定参照 NY/T 2637–2014 中的折光法，采用 WAY–2S 阿贝折射仪测量，取适量光谱采集位置的樱桃番茄果肉，挤汁经过滤布过滤，将汁液滴在阿贝折射仪的样品镜面上，测定可溶性固形物含量，单位为° Brix。樱桃番茄的番茄红素含量测定参照 GB 28316–2012，樱桃番茄中的番茄红素采用二氯甲烷和 2, 6– 二叔丁基对甲酚混合有机溶剂进行浸提，再用紫外 – 可见分光光度计测定果肉浸提液在最大吸收峰 472nm 处的吸光度，通过番茄红素含量标准曲线计算番茄红素含量，单位为 mg/kg。

樱桃番茄样品的可溶性固形物含量和番茄红素含量使用光谱处理方法进行测定，其可溶性固形物含量分布结果如图 4–16 所示，服从正态分布，均值为 6.71° Brix，标准差为 0.702° Brix；番茄红素含量分布结果如图 4–17 所示，服从正态分布，均值为 75.1mg/kg，标准差为 12.75mg/kg。

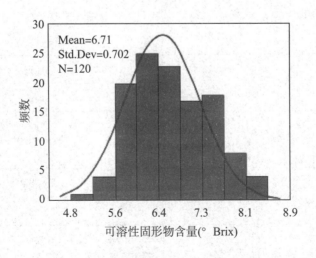

图 4–16　可溶性固形物含量频次分布图

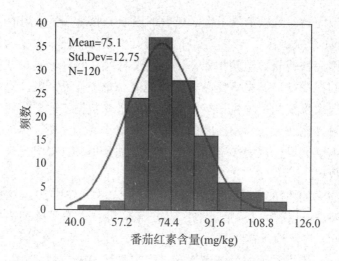

图 4-17　番茄红素含量频次分布图

将 120 个樱桃番茄样品按照 2：1 比例分为校正集和预测集，即校正集 80 个，预测集 40 个，校正集和预测集中的樱桃番茄可溶性固形物含量分布见表 4-4 所列，番茄红素含量分布见表 4-5 所列。

表 4-4　校正集和预测集样品可溶性固形物含量分布

品质指标	可溶性固形物
子集	校正集
	预测集
单位	° Brix
	° Brix
样本数	80
	40
范围	5.2 ~ 8.2
	5.4 ~ 8.2
均值	6.71
	6.72

标准差	0.70
	0.71

表 4-5 校正集和预测集样品番茄红素含量分布

品质指标	番茄红素
子集	校正集
	预测集
单位	mg/kg
	mg/kg
样本数	80
	40
范围	47.83 ～ 112.66
	55.96 ～ 110.11
均值	75.06
	75.17
标准差	12.83
	12.75

1. 光谱预处理结果

采集获取的 120 个樱桃番茄样品的原始光谱如图 4-18（a）所示，从图可以看出波长在 1650nm ～ 1700nm 范围内的光谱与其他波长区间相比噪声较大，信噪比比较低，如果将这段波长区间的光谱数据包含在内进行建模将会影响模型的精度，所以选择将 1650nm ～ 1700nm 这段波长的光谱数据去除，选取波长在 900nm ～ 1650nm 范围内共 210 个波长点下的光谱数据用于建模分析。比较 SNV、MSC、FD、SD、SG-smooth 几种光谱预处理方法结合 PLS 分别建模分析，通过比较 R_p 和 $RMSEP$ 来综合考察预处理效果，分析比较发现使用 2 阶 9 点 SG 平滑预处理的建模效果最佳，预处理后光谱如图 4-18（b）所示，因此本节将使用该预处理方法进行光谱预处理。

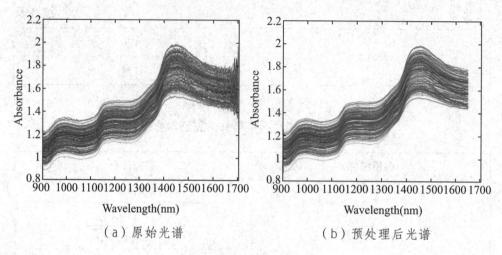

（a）原始光谱 （b）预处理后光谱

图 4-18　光谱预处理图

2.PLS 模型结果

对已经进行 SG 平滑预处理后的樱桃番茄近红外光谱（共 210 个变量）与可溶性固形物含量、番茄红素含量参考值建立 PLS 模型。图 4-19 为可溶性固形物含量 PLS 模型结果，其校正集 R_c 为 0.9231、$RMSEC$ 为 0.269° Brix，预测集 R_p 为 0.9042、$RMSEP$ 为 0.302° Brix；图 4-20 为番茄红素含量 PLS 模型结果，其校正集 R_c 为 0.8472、$RMSEC$ 为 6.81mg/kg，预测集 R_p 为 0.8238、$RMSEP$ 为 7.14mg/kg。

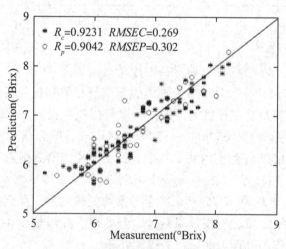

图 4-19　可溶性固形物 PLS 模型结果

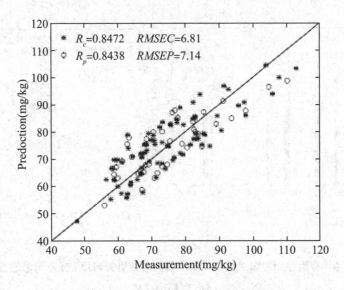

图4-20 番茄红素PLS模型结果

3.ACO-PLS模型结果

使用ACO光谱变量筛选算法对全光谱范围内的210个变量进行筛选，该算法经优化后参数设置为：初始群体N为20，循环次数X为5，迭代次数M为50，变量选择概率阈值P为0.3，显著性因子Q为0.01。利用ACO-PLS方法建立樱桃番茄可溶性固形物含量模型，其特征变量筛选的结果如图4-21（a）所示，从频次直方图可以看出共筛选出了18个特征变量。樱桃番茄可溶性固形物含量ACO-PLS模型结果如图4-21（b）所示，其校正集R_c为0.9189、$RMSEC$为0.286° Brix，预测集R_p为0.9065、$RMSEP$为0.295° Brix，可以看出，与全光谱模型相比，变量数有较大减少，且模型对樱桃番茄的可溶性固形物含量的预测精度与稳健性均有小幅提升。

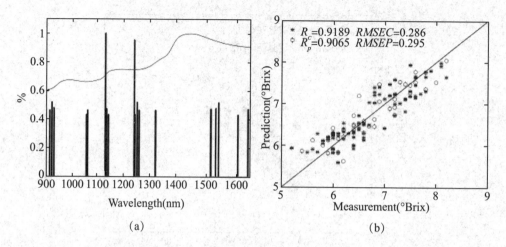

(a)

(b)

图 4-21 （a）可溶性固形物 ACO-PLS 模型的变量筛选和（b）可溶性固形物 ACO-PLS 模型结果

利用相同的方法建立樱桃番茄番茄红素含量模型，其特征变量筛选的结果如图 4-22（a）所示，从频次直方图可以看出共筛选出了 18 个特征变量。樱桃番茄番茄红素含量 ACO-PLS 模型结果如图 4-22（b）所示，其校正集 R_c 为 0.8435、*RMSEC* 为 6.86mg/kg，预测集 R_p 为 0.8331、*RMSEP* 为 7.05mg/kg，可以看出，与全光谱模型相比，变量数有较大减少，且模型对樱桃番茄的番茄红素含量的预测精度与稳健性均小幅提升。

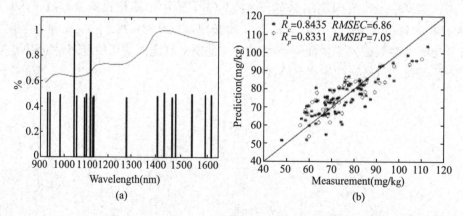

(a)

(b)

图 4-22 （a）番茄红素 ACO-PLS 模型的变量筛选和（b）番茄红素 ACO-PLS 模型结果

4.SFLA-PLS 模型结果

采用 SFLA 算法对全光谱范围内变量进行筛选，参数设置为：进化数 N 为 10 000 次，蛙跳初始变量数 Q 为 2，聚类数目 A 为 10。SFLA 变量筛选的依据是各变量具有不同的选择可能性，其特征变量筛选的结果如图 4-23（a）所示，变量选择可能性较大的变量作为特征波长变量，优化后共筛选出 25 个特征变量。樱桃番茄可溶性固形物含量 SFLA-PLS 模型结果如图 4-23（b）所示，其校正集 R_c 为 0.9634、$RMSEC$ 为 0.188° Brix，预测集 R_p 为 0.9071、$RMSEP$ 为 0.307° Brix，可以看出，与全光谱模型相比，变量数有较大减少，且模型对樱桃番茄的可溶性固形物含量的预测精度与稳健性均有小幅提升。

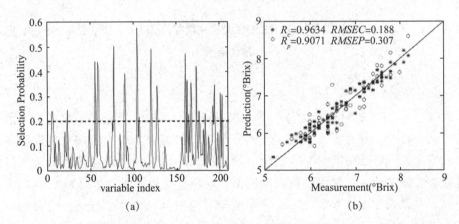

图 4-23 （a）可溶性固形物 SFLA-PLS 模型的变量筛选和（b）可溶性固形物 SFLA-PLS 模型结果

采用相同的方法建立樱桃番茄番茄红素含量模型，其特征变量筛选的结果如图 4-24（a）所示，变量选择可能性较大的变量作为特征波长变量，优化后共筛选出 19 个特征变量。樱桃番茄番茄红素含量 SFLA-PLS 模型结果如图 4-24（b）所示，其校正集 R_c 为 0.9116、$RMSEC$ 为 5.24mg/kg，预测集 R_p 为 0.8354、$RMSEP$ 为 6.93mg/kg，可以看出，与全光谱模型相比，变量数有较大减少，且模型对樱桃番茄的番茄红素含量的预测精度与稳健性均有所提升。

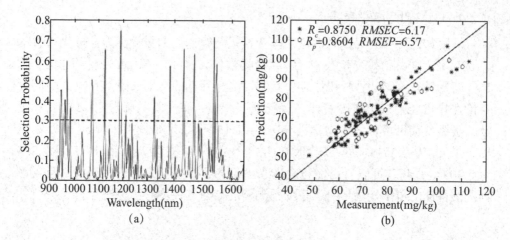

图 4-24　（a）番茄红素 SFLA-PLS 模型的变量筛选和（b）番茄红素 SFLA-PLS 模型结果

5.SPA-PLS 模型结果

采用 SPA 算法对全光谱范围内变量进行筛选，SPA 算法是随机选取光谱矩阵中某一波长变量，并计算该变量对其余变量的投影，以投影信息来选择特征波长变量，选择 20 作为提取特征变量数量的最大值，1 为最小值，筛选特征变量建立樱桃番茄可溶性固形物含量模型，其特征变量筛选的结果如图 4-25（a）所示，共筛选出 8 个特征变量（8 个变量对应的波长为 922.3nm、1260.9nm、1364.3nm、1483.1nm、1496.6nm、1515.2nm、1537.6nm、1556.8nm）。樱桃番茄可溶性固形物含量 SPA-PLS 模型结果如图 4-25（b）所示，其校正集 R_c 为 0.9348、RMSEC 为 0.250° Brix，预测集 R_p 为 0.9266、RMSEP 为 0.265° Brix，可以看出，与全光谱模型相比，变量数有较大减少，且模型对樱桃番茄的可溶性固形物含量的预测精度与稳健性均有大幅提升。

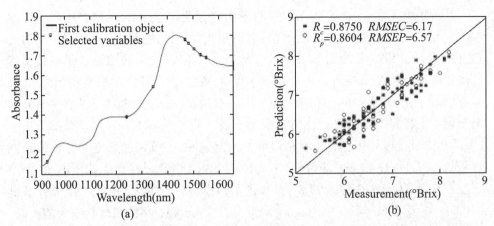

图4-25　（a）可溶性固形物 SPA-PLS 模型的变量筛选和（b）可溶性固形物 SPA-PLS 模型结果

采用相同方法建立樱桃番茄番茄红素含量模型，其特征变量筛选的结果如图4-26（a）所示，共筛选出13个特征变量（13个变量对应的波长为 986.2nm、1080.7nm、1367.5nm、1391.6nm、1408.9nm、1472.7nm、1489.3nm、1512.1nm、1553.8nm、1563.9nm、1578.8nm、1601.6nm、1647.2nm）。樱桃番茄番茄红素含量 SPA-PLS 模型结果如图4-26（b）所示，其校正集 R_c 为 0.8750、$RMSEC$ 为 6.17mg/kg，预测集 R_p 为 0.8604、$RMSEP$ 为 6.57mg/kg，可以看出，与全光谱模型相比，变量数有较大减少，且模型对樱桃番茄的番茄红素含量的预测精度与稳健性均大幅提升。

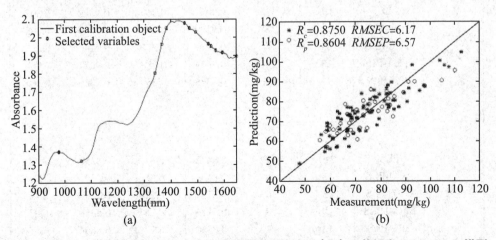

图4-26　（a）番茄红素 SPA-PLS 模型的变量筛选和（b）番茄红素 SPA-PLS 模型结果

几种不同特征波长优选方法的 PLS 模型结果见表 4-6 所列。从表中可以看出，与全光谱模型相比，变量优选后所建模型的预测性能均有所提高。对于建立的樱桃番茄可溶性固形物含量模型来说，SPA-PLS 的预测效果最佳，优选出了 8 个特征波长变量，变量压缩率高达 96.2%，所建立的模型将预测 R_p 值从 0.9042 提高到 0.9266，将 $RMSEP$ 值从 0.302° Brix 降低至 0.265° Brix；对于建立的樱桃番茄番茄红素含量模型来说，从 R_p 和 $RMSEP$ 结果数据分析，UVE-PLS 比 SPA-PLS 稍好但相差不大，但是 SPA-PLS 优选出的特征波长变量数远少于 UVE-PLS。综合比较，SPA-PLS 的效果更好。优选出的 13 个特征波长变量的压缩率高达 93.8%，所建立的模型将预测 R_p 值从 0.8238 提高到 0.8604，将 $RMSEP$ 值从 7.14mg/kg 降低至 6.57mg/kg，预测精度均有大幅提高，同时波长优选算法减少了变量数，有效简化了模型的复杂度和冗余性，提高了模型的预测稳定性和计算效率。

表 4-6　不同变量优选方法结合 PLS 模型结果

品质指标	模型	变量数	主成分数	校正集		预测集	
				R_c	$RMSEC$	R_p	$RMSEP$
可溶性固形物	PLS	210	5	0.9231	0.269	0.9042	0.302
	ACO-PLS	18	5	0.9189	0.286	0.9065	0.295
	UVE-PLS	48	5	0.9219	0.271	0.9145	0.285
	SFLA-PLS	25	8	0.9634	0.188	0.9071	0.307
	SPA-PLS	8	5	0.9348	0.250	0.9266	0.265
番茄红素	PLS	210	7	0.8472	6.81	0.8238	7.14
	ACO-PLS	18	6	0.8435	6.86	0.8331	7.05
	UVE-PLS	75	6	0.8734	6.21	0.8659	6.44
	SFLA-PLS	19	8	0.9116	5.24	0.8354	6.93
	SPA-PLS	13	7	0.8750	6.17	0.8604	6.57

4.3 近红外光谱有害物质检测

4.3.1 食品有害物质检测

食品添加剂已成为食品加工行业必不可少的物质，饮料行业也不例外，在生产加工过程中通常会添加各类食品添加剂。例如，为增加饮料的黏稠度添加增稠剂，为增加饮料的甜度添加甜味剂，为长期保持不变质和色泽加入防腐剂和色素。食品添加剂中的部分防腐剂、甜味剂等为人工合成化学物质，会对人体健康造成威胁。根据食品添加剂使用标准（GB 2760—2014），食品中允许使用的防腐剂主要有对羟基苯甲酸甲酯钠、山梨酸钾、苯甲酸钠等，甜味剂主要有糖精钠、安赛蜜、阿斯巴甜和甘草酸铵等，在规定的用量范围内对人体没有伤害，但近年来，部分不法商家为了延长食品的保质期而滥用添加剂的报道屡见不鲜。当前，食品添加剂的主要检测方法有紫外分光光度法、高效液相色谱法和气相色谱法等，这些方法均具有较低的检测限，但操作过程复杂，耗时长，需要专业人员进行操作，很难应用于实时在线检测。在拉曼针对添加剂检测研究中，主要针对合法添加剂和非法添加剂滥用进行研究检测。

目前，我国批准在食品中使用的防腐剂有十几种，其中苯甲酸钠是最常用的防腐剂之一，也是饮料中常用的防腐剂，可延长保质期。苯甲酸钠的毒性较大，在许多国家已被禁止使用，但因其价格便宜，我国仍作为添加剂广泛用于各类食品中，在 GB 2760—2014 中规定，对于碳酸饮料苯甲酸钠最大使用量为 0.2g/kg，茶类、咖啡类饮料中最大使用量为 1.0g/kg。在安全剂量范围内的苯甲酸钠并不会对人体健康造成危害，但过量的苯4酸钠可在胃酸作用下转化为毒性较强的苯甲酸，从而对肝脏产生较大危害。房晓倩等[①]采用近红外光谱确定了苯甲酸钠的三个特征峰为 843.5cm^{-1}、1007cm^{-1}、1605cm^{-1}，然后以柠檬酸钠还原硝酸银配制的银溶胶作为表面增强剂，对市售碳酸饮料中的苯甲酸钠进行了检测，图 4-27 为苯甲酸钠标准品及饮料中不同浓度苯甲酸钠近红外光谱图。结果表明，以 851.4cm^{-1}、1605cm^{-1} 处的 2 个特征峰建立的二元线性回归模型的建模结果最好，校正集相关系数为 0.9769，验证集相关系数为 0.9603，实现对碳酸饮料中苯甲酸钠含量的快速检测。

---

① 房晓倩，彭彦昆，李永玉，等.基于表面增强拉曼光谱快速定量检测碳酸饮料中苯甲酸钠的方法 [J]. 光学学报，2017，（9）：331–336.

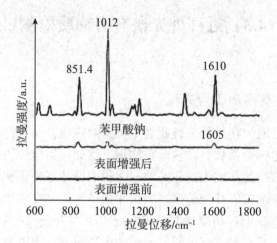

（a）苯甲酸钠标准品及表面增强前后

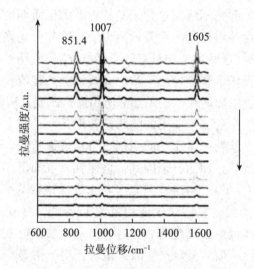

（b）不同浓度苯甲酸钠饮料样品的表面增强近红外光谱

图4-27　样品近红外光谱

　　山梨酸钾是饮料中常用的另一种防腐剂，国标 GB 2760—2014 中规定饮品内的山梨酸钾最大使用量为 0.5g/kg。杨宇等[①]利用表面增强技术对橙味饮料中山梨酸钾的含量进行了快速定量检测研究，通过与山梨酸钾标准品近红外

① 杨宇，翟晨，彭彦昆，等.基于表面增强拉曼的饮料中山梨酸钾快速定量检测方法 [J].
光谱学与光谱分析，2017，37（11）：3460-3464.

光谱及其水溶液表面增强近红外光谱等比较分析，确定了山梨酸 1648.4cm^{-1}、1389.3cm^{-1} 和 1161.8cm^{-1} 处特征峰（图 4-28）。采集了 33 个不同浓度样品的表面增强近红外光谱（图 4-29）建立预测模型，结果得出多元线性回归模型校正集为 0.98，能够快速准确检测饮料中山梨酸钾的量。

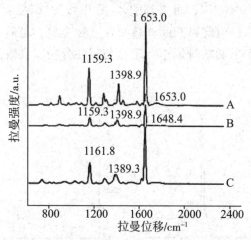

图 4-28 山梨酸钾标准品及其水溶液近红外光谱图

A. 山梨酸钾标准品的近红外光谱图；B.500g/kg 山梨酸钾水溶液的近红外光谱图；C.3g/kg 山梨酸钾水溶液表面增强近红外光谱图

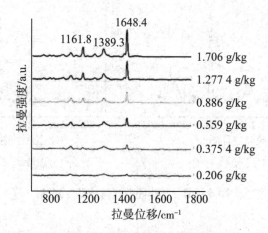

图 4-29 不同浓度山梨酸钾饮料表面近红外光谱

咖啡因又称为咖啡碱，是一种生物碱，存在于茶叶、咖啡、可可等植物中，适量食用咖啡因有消除疲劳、兴奋神经等作用。咖啡因是精神类药物，在我国属毒品管制物，大量或长期摄取咖啡因有损人体的健康。而食品和饮料领域，咖啡因也普遍被当作添加剂使用，所以检测食品用的咖啡因也是食品安全监测的一部分。彭军等[①]采用拉曼技术在 $200 \sim 800nm$ 测试茶饮料、可乐饮料、咖啡饮料中的咖啡因，将265nm[图 4–30（a）] 处咖啡因特征峰作为判断依据，定性检出饮料中含有咖啡因，可看到图 4–30 中每种饮料的光谱在 265nm 附近都存在咖啡因特征峰，由此可判断饮料中含有咖啡因。之后，房若宇[②]将拉曼与紫外线结合对茶水中的咖啡因进行定量与定性分析，实现对咖啡因的快速精准检测。

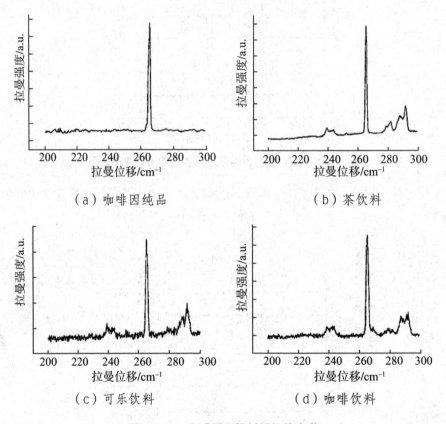

（a）咖啡因纯品　　　　　　　（b）茶饮料

（c）可乐饮料　　　　　　　（d）咖啡饮料

图 4–30　咖啡因及饮料近红外光谱

① 彭军，梁敏华，冯锦澎 . 常见饮料中咖啡因的拉曼光谱定性检测 [J]. 大学物理实验，2011，24（3）：29–31.

② 房若宇 . 激光拉曼光谱结合紫外光谱检测茶水中的咖啡因 [J]. 大学物理实验，2013，26（2）：13–15.

甜味剂是赋予食品甜味的物质。我国批准使用的甜味剂基本上都能应用于饮料中，其中糖精钠、安赛蜜是饮料中使用较多的甜味剂，在超剂量下会危害人体健康。糖精钠具有芳环和杂环结构，有较好的表面增强拉曼信号可直接采用表面增强近红外光谱检测。

色泽是食品感观品质的一个重要因素，除原料本身着色之外，通过添加着色剂来提升、同化甚至改变食品的颜色来吸引消费者是食品制造业中常用的手段。随着欧盟出台对含有人工食用色素的食品饮料须贴警告标签的规定，我国也开始对此关注。着色剂是赋予食品色泽和改善食品色泽的物质。由于着色剂大多为芳环或杂环的大共轭体系，且含有 N、S 等杂原子和硝基、氨基等基团，如赤藓红、苋菜红、苏丹红、罗丹明 B 和柠檬黄等，它们都具有较强的拉曼活性，可直接采用近红外光谱检测。陈蓓蓓等[①]采用便携式激光近红外光谱仪和OTR202 纳米增强试剂检测果汁饮料中的赤藓红的含量，对于赤藓红仪器检出限为 0.5mg/kg，采用此方法饮料中的赤藓红检出限为 1mg/kg。

对于国标允许添加的大多数色素都为人工合成色素。焦糖色素，又称为焦糖、焦糖色，在饮料中广泛应用。焦糖色素通过氨法或硫酸铵法生产，其中，两种同分异构体 4-甲基咪哩（4-Methylimidazole，4-MeI）和 2-甲基咪唑（2-Methylimidazole，2-MeI）以副产物的形式存在，且 4-MeI 具有致癌作用。建立一种快速、准确测定食品中 4-MeI 和 2-MeI 的新方法具有重要意义。陈小曼等[②]采用表面增强近红外光谱法并以金纳米粒子（Au-NPs）作为表面增强基底对含焦糖色素的风味、果蔬和碳酸饮料中的 4-MeI 和 2-MeI 进行检测。获取了 4-MeI 和 2-MeI 标准品的表面增强拉曼位移（图 4-31），4-MeI 在 673cm^{-1}、1015cm^{-1}、1267cm^{-1}、1308cm^{-1} 和 1587cm^{-1} 处表现出较明显的SERS 特征峰，其中信号最强的 1308cm^{-1} 归属为吡咯环伸缩振动，可作为 4-MeI 的定量特征峰。同样地，2-MeI 在 685cm^{-1}、929cm^{-1}、1136cm^{-1}、1355cm^{-1} 和1498cm^{-1} 处有峰，其中强度最强的 1136cm^{-1} 处的特征峰为 C—H 弯曲振动，可作为 2-MeI 的定量特征峰，具体峰位归属见表 4-7 所列。建立线性方程对 3类饮料定量分析，同时进行加标实验，验证实验准确性。结果见表 4-8 所列，3 种市售饮料中均检出 4-MeI，且含量较低，而 2-MeI 尚无检出，4-MeI 和 2-MeI

---

① 　陈蓓蓓，陆洋，马宁，等. 表面增强拉曼光谱技术在食品安全快速检测中的应用 [J]. 贵州科学，2012，30（6）：24-29.

② 　陈小曼，陈漾，李攻科，等. 表面增强拉曼光谱法测定饮料中 4-甲基咪哇和 2-甲基咪唑 [J]. 分析化学，2016，44（5）：816-821.

回收率分别为 80.2%～82.7% 和 78.1%～93.5%，结果为饮料中 4-MeI 和 2-MeI 的检测提供了新方法。

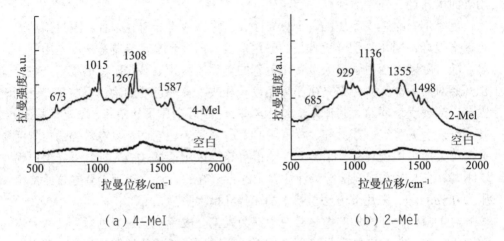

（a）4-MeI　　　　　　　　　　　（b）2-MeI

图 4-31　4-MeI 和 2-MeI 的表面增强近红外光谱

表 4-7　4-MeI 和 2-MeI 表面增强谱峰归属

分析物	波数 /cm⁻¹	谱峰归属
4-MeI	67 1015 1267 1308 1587	C—C 伸缩振动 C—C 吡咯环弯曲振动或 C—H 弯曲振动 C—H 弯曲振动 吡咯环伸缩振动 吡咯环伸缩振动
2-MeI	685 929 1136 1355 1498	C—CH₃ 伸缩振动 N—H 面外弯曲振动 C—H 弯曲振动 吡咯环伸缩振动 吡咯环伸缩振动

表4-8 实际样品分析结果及加标回收率

样品	分析物	含量/mg/L	加标量/mg/L	测定值/mg/L	回收率/%	相对标准偏差/%
风味饮料	4-MeI	0.099±0.010	0.10	0.161±0.009	80.7	5.9
			2.00	1.86±0.065	93.0	3.5
	2-MeI	N.D	5.00	4.68±0.233	93.5	5.0
			10.0	9.13±0.164	91.3	1.8
果蔬饮料	4-MeI	0.093±0.008	0.10	0.154±0.010	80.2	6.7
			2.00	1.70±0.064	84.8	3.8
	2-MeI	N.D	5.00	4.31±0.086	86.2	2.0
			10.0	8.07±0.290	80.7	3.6
碳酸饮料	4-MeI	0.110±0.010	0.10	0.173±0.012	82.7	7.1
			2.00	1.71±0.056	85.7	3.3
	2-MeI	N.D	5.00	4.44±0.111	88.7	2.5
			10.0	77.18±0.117	78.1	1.5

日落黄是食品中常用的合成色素，常见于饮料、糖果、奶制品和面包中，罗丹明B俗称花粉红，是一种碱性荧光染料，作为荧光试剂已被广泛用于食品、环保、矿业和钢铁等领域，具有致癌性，不允许在食品中添加。柯衣定是一种常用的工业染料，主要用于涂料、塑料、油墨、合成树脂、陶瓷胚体着色和平面着色，同样对人体有致畸致癌作用，因其与日落黄颜色相近且在食品中稳定性强，常被不法分子添加到食品中用于替代日落黄。林爽等[1]利用银溶胶为基底的表面增强拉曼光谱分析了罗丹明B、日落黄和柯衣定的分子结构并确定了其拉曼特征峰（图4-32）。罗丹明B在$1355cm^{-1}$、$1504cm^{-1}$、$1644cm^{-1}$的特征峰十分明显，日落黄的特征峰主要位于$1902cm^{-1}$、$1174cm^{-1}$、$1228cm^{-1}$、$1330cm^{-1}$、$1380cm^{-1}$、$1494cm^{-1}$、$1593cm^{-1}$，柯衣定近红外光谱

① 林爽，哈斯乌力吉，林翔，等. 应用SERS滤纸基底检测饮料中违禁色素的研究 [J]. 光谱学与光谱分析，2016，36（6）：1749-1754.

中较强的拉曼特征峰主要位于1004cm^{-1}、1165cm^{-1}、1264cm^{-1}、1381cm^{-1}、1496cm^{-1}。然后检测了罗丹明B、日落黄和柯衣定不同浓度水溶液的表面增强近红外光谱并预测碳酸饮料中的罗丹明B、日落黄和柯衣定含量,结果3种色素的检测回收率分别为98.6%~105.3%、94.9%~105.4%、92.6%~108.1%,具有很好的检测效果。同样,余慧等[①]通过拉曼技术检测茶饮料中的柯衣定含量,具有很好的预测效果。

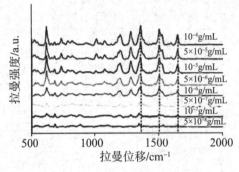

(a)不同浓度的罗丹明B水溶液

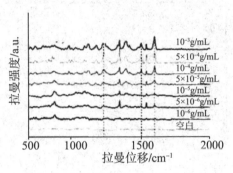

(b)不同浓度的日落黄水溶液

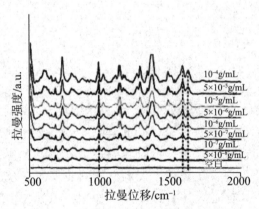

(c)不同浓度的柯衣定水溶液

图4-32　不同浓度色素的水溶液表面增强近红外光谱图

除了饮料中允许添加的食品添加剂外,违禁物品常被添加其中。碱性嫩黄O,别名盐基淡黄O、盐基槐黄、碱性荧光黄GR等,是一种芳香胺类碱性工

① 余慧,谢云飞,姚卫蓉.整体柱用于表面增强拉曼光谱检测茶饮料中的违禁添加色素[C].全国光散射学术会议,2013.

业燃料，可用于蚕丝、腈纶、皮革、纸、麻的染色，但被严禁作为食品添加剂，也是另外一种常被非法添入食品中的染料，其中饮料是常被添加食品之一。

邵勇等[①]基于表面增强拉曼散射光谱技术建立碳酸饮料和功能性饮料中碱性嫩黄 O 定性、定量快速检测方法。通过基质空白对照碱性嫩黄 O 梯度浓度的 SERES 获得 780cm^{-1} 处具有明显的特征峰，并具有良好的线性关系，结果得出两种饮料的最低检出限为 2.5 μg/L 和 5 μg/L，回收率分别为 98.4% ～ 104.0% 和 101.1% ～ 102.7%，可有效用于饮料中碱性嫩黄快速检验监督。除此之外，毒品也常在饮料中检出，其中海洛因、甲基苯丙胺和氯胺酮 3 类是我国常见毒品及添加成分，如甲基苯丙胺（Methamphetamine，MA），俗称"冰毒"，为白色或无色结晶体或粉末状，易溶于水，是一种人工合成的兴奋剂，属于兴奋剂类精神药品，常被非法添加于饮料中，所以发展可快速精准检测其含量的技术具有重要意义。

王继芬等[②]对海洛因、甲基苯丙胺和氯胺酮进行了研究，将盐酸海洛因、盐酸甲基苯丙胺和盐酸氯胺酮毒品与淀粉、葡萄糖、咖啡因等添加成分按一定质量比例混合制成混合样本，进行近红外光谱分析。实验结果表明，在毒品含量低至 10% 的混合样本中应用拉曼光谱技术能够检出毒品成分，同时也能准确检出添加成分。

在张金萍[③]的研究中，甲基苯丙胺在 785nm 激光的激发下，其拉曼散射信号主要出现在 600 ～ 1600cm^{-1}，如图 4-33 所示，在 1000cm^{-1} 左右具有强烈清晰的拉曼信号，在 620cm^{-1}、835cm^{-1}、1018cm^{-1}、1209cm^{-1} 左右有中等强度的拉曼信号，同时在 1600cm^{-1} 附近出现了双峰。根据此特性，可定性判别饮料中是否含有甲基苯丙胺。

①　邵勇，陈勇，郑艳，等．表面增强拉曼散射法快速检测饮料中碱性嫩黄 [J]．食品与发酵工业，2015，41（10）：160-163.

②　王继芬，余静，孙兴龙，等．毒品及其常见添加成分的拉曼光谱快速分析 [J]．光散射学报，2012，24（3）：312-315.

③　张金萍．拉曼光谱法在甲基苯丙胺检测中的应用 [D]．华东师范大学论文，2011.

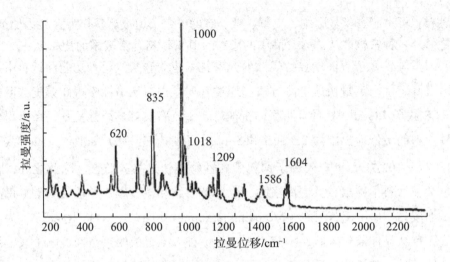

图4-33 甲基苯丙胺近红外光谱图

目前运用近红外光谱进行饮料成分及添加剂的检测主要集中于基础性研究，并且研究较为成熟，已为实时离线或在线检测技术的研发提供技术支撑，同时为多种添加剂的同步检测奠定了理论基础，这为饮料添加剂的近红外光谱检测技术发展展示了美好的前景。

4.3.2 食品有害物质检测

相较于蜂蜜的营养品质，人们对蜂蜜的安全问题同样关心。近年来，由于人们过量使用蜂药中的杀虫剂、抗生素等，造成了部分蜂蜜产品的农药残留，抗生素残留严重超标，已严重影响了蜂蜜的安全质量。而传统的对蜂蜜中有害物质残留的检测方法为薄层色谱法、气相色谱法、高效毛细管电泳法等，这些方法虽然稳定可靠，具有较高的重复性，但前处理时间长，检测过程耗费时间，并不适用于现场检测，而近红外光谱检测区别于传统检测，可实时、快速地对蜂蜜有害物质残留情况做出判断。

在蜂药的使用中，最常见的是乐果农药。乐果的化学名为O，O-二甲基-S-（N-甲基氨基甲酰甲基）二硫代磷酸酯，其化学结构式如图4-34所示，是目前使用较广泛的有机磷农药之一，容易富集，对人的身体危害较大。

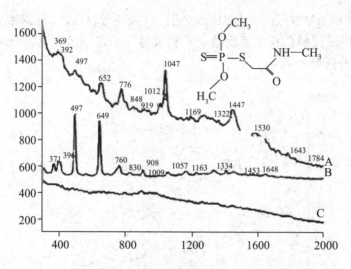

图 4-34　乐果农药的近红外光谱及分子式

孙旭东等[①]通过采集蜂蜜的表面增强近红外光谱，通过线性回归算法建立模型，实现了对蜂蜜中乐果农药残留的检测。其采用近红外光谱法测定吸附在银、金或铜胶质颗粒上的样品，被吸附的样品拉曼信号可以提高 10 倍左右。研究采用具有规则倒四角锥体结构的 Klarite 金纳米活性基底，其锥体高为 1 μm，底边长 1.8 μm，相邻单元格距离为 0.4 μm。试验时，用胶头滴管取 1 滴样品并滴于 Klarite 基底上，将基底放在显微镜上进行微调，再采集近红外光谱。从图 4-34 所反映的乐果农药的分子特性来看，与未增强的近红外光谱比对，增强后的近红外光谱虽与增强前的光谱趋势相同，但增强后的光谱强度和反映的信息明显要多余增强前。

蜂蜜与乐果农药混合物的表面增强近红外光谱既有蜂蜜中有机成分的拉曼特征位移信息又有乐果农药的拉曼位移信息。其中表征乐果农药的特征拉曼位移信息包括：$1060cm^{-1}$ 和 $1071cm^{-1}$ 是乐果农药和蜂蜜中糖类分子的 C—N 和 C—C 键的伸缩振动共同引起的，$868cm^{-1}$ 和 $869cm^{-1}$ 主要是乐果农药分子的 O—P—O 键的伸缩振动引起的，$1452cm^{-1}$ 和 $1453cm^{-1}$ 由乐果分子及糖类分子的 CH_3 键弯曲振动引起，$1317cm^{-1}$ 由乐果农药分子的 CH_2、NH 和 CN 键的摆动振动引起，其中图 4-35 为蜂蜜近红外光谱和加入乐果农药的蜂蜜近红外光谱，对比发现，加入乐果农药的蜂蜜近红外光谱包含有乐果农药的拉曼特征信息。

①　孙旭东，董小玲 . 蜂蜜中乐果农药残留的表面增强拉曼光谱定量分析 [J]. 光谱学与光谱分析，2015，35（6）：1572-1576.

图4-36为蜂蜜和乐果农药的混合SERS光谱，从图中可以得出，乐果浓度越低，SERS光谱的特征拉曼位移峰强度越小；相反地，乐果浓度越高，SERS光谱特征拉曼位移峰强度越大。

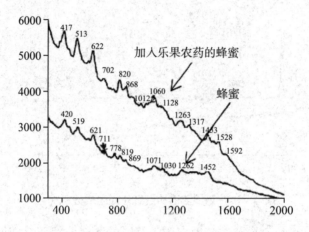

图4-35　蜂蜜与加入乐果农药的蜂蜜

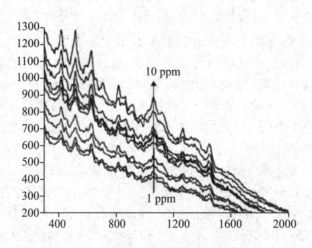

图4-36　蜂蜜和乐果混合物的SERS光谱

利用采集到的近红外光谱与样品乐果农药浓度建立线性回归模型，并对比了SERS光谱的4个特征峰与蜂蜜中乐果农药之间的关系。建模结果表明，$867cm^{-1}$处的特征拉曼位移峰强度的相关系数最大误差最小，其验证集相关系数R_p为0.984，验证集均方根误差$RMSEP$为0.663，检测限达到2ppm。

4.4　近红外光谱成分分析

4.4.1　食品成分分析

食用油的主要营养成分是甘油三酯（95%以上）、维生素E、植物甾醇，其中甘油三酯是由10%的甘油和90%的脂肪酸组成。根据不饱和度的区别，可以将脂肪酸分为饱和脂肪酸（Saturated Fatty Acid，SFA）、单不饱和脂肪酸（MonoUnsaturated Fatty Acid，MUFA）、多不饱和脂肪酸（PolyUnsaturated Fatty Add，PUFA），其中饱和脂肪酸主要成分是软脂酸和硬脂酸，单不饱和脂肪酸的主要成分是油酸、花生一烯酸等，多不饱和脂肪酸是亚油酸、亚麻酸、二十六碳六烯酸（DHA）、二十碳五烯酸（EPA）等。不同种类食用油中的营养成分含量和脂肪酸组成有所差异。因此脂肪和脂肪酸的组成和含量直接影响到食用油的营养品质。

1. 食用油中不饱和脂肪酸的拉曼检测

（1）α亚麻酸检测

α亚麻酸是人体必需的不饱和脂肪酸，紫苏籽油是目前发现的所有天然植物油中α亚麻酸含量最高的。α亚麻酸常用的检测方法有气相色谱法、高效液相色谱法、紫外可见分光光度法等，需要破损样品包装，检测分析过程费时。

关于无损检测方法的研究，李张升等[①]利用拉曼光纤光谱仪，获取了紫苏油样本和α亚麻酸标准品的近红外光谱，研究发现α亚麻酸标准品在1256.59cm^{-1}、1432.94cm^{-1}、1649.25cm^{-1}、2896.26cm^{-1}、3008.56cm^{-1}处有很强的拉曼响应，对应的基团分别是C—O、C—H、C=O、C—H、=C—H键，如图4-37所示，并且采用角度度量转换的多变量分析方法，将近红外光谱强度值转化为与α亚麻酸近红外光谱的角度值，建立的多元回归模型可以对α亚麻酸进行定量检测，结果表明近红外光谱预测值和紫外实测值非常接近，预测最大相对误差为4.28%。

① 李张升，姚志湘，粟晖，等. 采用拉曼光谱无损测定紫苏油中 α–亚麻酸[J]. 食品科技，2015，（10）：275–278.

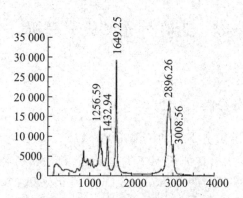

图 4-37 α亚麻酸标准品拉曼响应

（2）共轭亚油酸

共轭亚油酸（Conjugated Linoleic Acid，CLA）是机体的必需脂肪酸，机体不能合成，必须从食物中获取。Bernuy 等[①]利用傅立叶变换（FT）近红外光谱对大豆油中共轭亚油酸（CLA）含量进行了评价（图 4-38），以碘（I_2）作为催化剂，514.5nm 的氩离子激光器作为光源，获取了 CLA 含量在 0.05%～3.28% 的 22 个大豆油样品的近红外光谱，在 C—C 拉伸区域（1642～1680cnT1）结合最优偏最小二乘（PLS）方法，建立了共轭亚油酸含量预测模型，预测相关系数为 0.97。

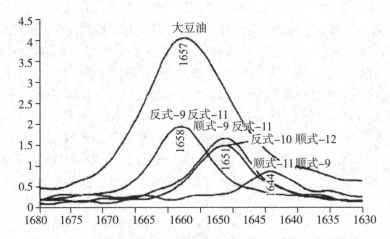

图 4-38 纯大豆油中 4 种亚油酸的同分异构体的近红外光谱图

① Bernuy B，Meurens M，Mignolet E，et al. Determination by Fourier transform Raman spectroscopy of conjugated linoleic acid in I2-photoisomerized soybean oil[J]. Journal of Agricultural & Food Chemistry，2009，57（15）：6524-6527.

（3）芥酸检测

测定芥酸的常用方法是气相色谱法，由于样品前处理过程复杂、影响因素多、分析时间长，因此不适合于大批量的芥酸含量快速检测。

Durakli 等[1]以不同浓度的芥酸为原料，通过不同种类油的二元组合，在 0 ～ 33.56% 的浓度下制备油的混合物，利用显微近红外光谱仪获取了200 ～ 2000cnT1 菜籽油样品中芥酸的近红外光谱图（图 4-39），通过气相色谱（GC）方法获取样品芥酸的真实含量，采用偏最小二乘法对近红外光谱和GC 结果进行了相关性分析，建立芥酸预测模型，校正集和验证集的相关系数分别为 0.990 和 0.982，如图 4-40 所示。本研究探究了近红外光谱法快速测定菜籽油中芥酸的可行性，提供了一种油料中芥酸检测的新方法。

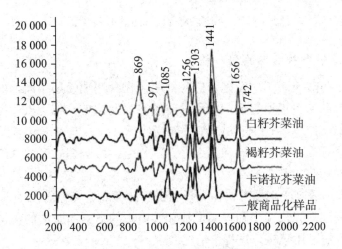

图 4-39　菜籽油样品中芥酸的近红外光谱图

---

[1]　Durakli V S，Temiz H T，Ercioglu E，et al. Use of Raman spectroscopy for determining erucic acid content in canola oil[J]. Food Chemistry，2017，221：87-90.

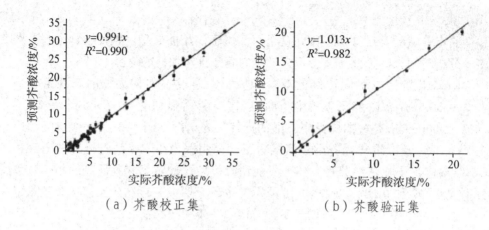

（a）芥酸校正集　　　　　　　　（b）芥酸验证集

图4-40　不同浓度芥酸的拉曼检测效果

2.食用油中多种脂肪酸同时检测

食用油脂肪酸摄入不均衡是目前我国居民在食用油使用中面临的主要问题之一。食用调和油可以通过调配多种油脂脂肪酸比例使其符合人体摄入需求。营养学家建议 SFA、MUFA、PUFA 供能比小于 1∶1∶1。但是目前我国调和油尚无国家标准，市场上调和油组分并不规范，影响消费者的判断和选择。目前，食用油脂肪酸常规检测方法一般为气相液相色谱法，存在耗时长、操作烦琐等缺陷，不适合于现场的快速分析和执法部门的市场监管。Muik 等[1]利用傅立叶变换近红外光谱检测初榨橄榄油和橄榄中的自由脂肪酸的含量并据此区分等级，此方法可用于生产过程中的在线控制。

激光共聚焦显微近红外光谱技术结合化学计量学方法可建立快速测定食用调和油的 SFA、MUFA、PUFA 的定量分析模型，通过 SFA、MUFA、PUFA 三者含量及比例来快速判断食用调和油品质。董晶晶等[2]研究获取样本共计 43 份（图4-41），分别为纯植物油样本 25 份（花生油 3 份、大豆油 3 份、橄榄油 3 份、芝麻油 3 份、菜籽油 3 份、玉米油 3 份、葵花籽油 3 份、稻米油 2 份、花椒油 1 份、油茶籽油 1 份），调和油样本 18 份，采用 DXR 型激光共聚焦显微近红外光谱

①　Muik B，Lendl B，Molina-Diaz A，et al. Direct monitoring of lipid oxidation in edible oils by Fourier transform Raman spectroscopy [J]. Chemistry & Physics of Lipids，2005，134（2）：173-182.

②　董晶晶，吴静珠，陈岩，等. 激光共聚焦显微拉曼快速测定食用调和油脂肪酸 [J]. 影像科学与光化学，2017，35（2）：147-152.

仪获取上述 43 份植物油样本的近红外光谱图，经光谱预处理后，采用全波段（100 ～ 3300cm^{-1}）结合和 PLS 方法分别建立 SFA、MUFA、PUFA 的定量分析模型。结果显示 SFA、MUFA、PUFA 定量分析模型的决定系数 R^2 均大于 0.99，相对分析误差（RPD）均大于 3。

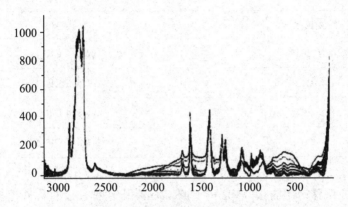

图 4-41　食用油样本共聚焦近红外光谱图

4.4.2　食品成分分析

茶氨酸（N - 乙基 - L - 谷氨酰胺）是茶叶中特有的一种氨基酸，能够消减咖啡碱和儿茶素引起的苦涩味，是茶叶中一种重要的风味物质，约占茶叶游离氨基酸的 50% 以上，很大程度上决定着茶叶的质量和等级。近年来，随着人们生活水平的提高，茶氨酸的使用也越来越受到人们的关注，特别是茶氨酸的定量检测方面。目前检测方法有茚三酮显色法、氨基酸自动分析仪、高效液相及胶束电动毛细管色谱法及质谱法等各种检测手段，但存在前处理时间长、过程复杂的缺点。

陈永坚等[①]利用拉曼光谱技术，对高拉曼位移区（2800 ～ 3200cm^{-1}）、中拉曼位移区（1100 ～ 1700cm^{-1}）和低拉曼位移区（250 ～ 1100cm^{-1}）的拉曼波峰分析，分别找出了对应茶氨酸的高拉曼位移区、中拉曼位移区和低拉曼位移区的拉曼特征波峰。

在高拉曼位移范围内，2976cm^{-1} 由 CH$_2$ 反对称伸缩振动引起，2887cm^{-1}、

① 陈永坚，陈荣，李永增，等.茶氨酸拉曼光谱分析 [J].光谱学与光谱分析，2011，31(11)：2961-2964.

2923cm^{-1} 和 2941cm^{-1} 由 CH$_2$ 对称伸缩振动引起。表 4-9 为 L- 茶氨酸在高拉曼位移区的特征拉曼位移所对应的官能团。

表 4-9　2800 ~ 3200cm^{-1}L- 茶氨酸特征拉曼位移对应的官能团

拉曼位移 /cm^{-1}	官能团
2887	υs（CH$_2$）
2923	υs（CH$_2$）
2941	υs（CH$_2$）
2976	υs（CH$_2$）

在中拉曼位移范围内，1430cm^{-1}、1647cm^{-1} 由对称和反对称伸缩振动引起。1647cm^{-1} 由 NH$_3^+$ 和 COO— 变形振动的耦合引起。1413cm^{-1} 由 COO— 的对称伸缩振动和 C—N 的伸缩振动共同引起。1454cm^{-1} 由 CH$_2$ 的面内摇摆振动引起。1204cm^{-1} 和 1248cm^{-1} 由 CH$_2$ 的扭曲振动引起，1312cm^{-1} 和 1330cm^{-1} 由 CH$_2$ 的面外摇摆的特征振动峰，同时还受到 CH 的面内摇摆振动的影响。1358cm^{-1} 则主要是 C—H 的面内摇摆所引起的。表 4-10 为中拉曼位移区的 L- 茶氨酸的特征拉曼位移所对应的官能团。

表 4-10　1100 ~ 1700cm^{-1}L- 茶氨酸特征拉曼位移对应的官能团

拉曼位移 /cm^{-1}	官能团	拉曼位移 /cm^{-1}	官能团
1153	ρ(NH$_3^+$)	1413	υs (COO—)，υ (C—N)
1204	τ(CH$_2$)	1430	υs (COO—)
1248	τ(CH$_2$)	1454	δ(CH$_2$)
1312	ω(CH$_2$)ρ(CH)	1521	δs(NH$_3^+$)
1330	ω(CH$_2$)ρ(CH)	1582	δas(NH$_3^+$)
1358	ρ(CH)	1647	δas(COO—)，δas(NH$_3^+$)

在低拉曼位移范围内，1000cm^{-1} 左右的拉曼峰主要是 C—C 和 C—N 的

伸缩振动引起的，其中 $1067cm^{-1}$ 和 $1089cm^{-1}$ 是 C—N 的伸缩振动引起的，$900cm^{-1}$ 和 $938cm^{-1}$ 都是 C—C 的伸缩振动所引起，$998cm^{-1}$ 和 $1034cm^{-1}$ 则是 C—C 和 C—N 的耦合振动引起的。$700 \sim 900cm^{-1}$ 主要是一些原子基团振动变形而引起的特征峰，$786cm^{-1}$、$860cm^{-1}$、$877cm^{-1}$ 都是 CH_2 面内摇摆振动引起的，$700cm^{-1}$、$764cm^{-1}$、$823cm^{-1}$ 是 COO— 的变形振动引起的。$500 \sim 700cm^{-1}$ 也有一些对应于酰胺特征吸收峰，分别是 $680cm^{-1}$ 和 $549cm^{-1}$。$658cm^{-1}$ 处是 COO— 和 C—C—N 变形振动引起的。$500cm^{-1}$ 以下的特征拉曼峰主要是骨架的振动引起的，其中 $479cm^{-1}$ 处是 NH_3^+ 的扭曲振动和酰胺键变形振动共同引起。表 4-11 为低拉曼位移区的 L- 茶氨酸的特征拉曼位移所对应的官能团。

表 4-11　$250 \sim 1100cm^{-1}$ 范围内 L- 茶氨酸特征拉曼位移对应的官能团

拉曼位移 /cm^{-1}	官能团	拉曼位移 /cm^{-1}	官能团
321	δ(skeleton)	786	ρ(CH_2)
374	δ(skeleton)	823	ρ(COO—)
404	δ(skeleton)	860	ρ(CH_2)
420	δ(skeleton)，δ(amide)	877	ρ(CH_2)
479	δ(skeleton)，τ(NH_3^+)	900	υ(C—C),ρ(CH_2)
549	δ(amide)	938	υ(C—C)
658	δ(COO—)，δ(C—C—N)	998	υ(C—C), υ(C—N)
680	δ(amide)	1034	υ(C—N), υ(C—C), ρ(NH_3^+)
700	δ(COO—)	1067	υ(C—N)
764	δ(COO—)	1089	υ(C—N), τ(NH_3^+)

第 5 章　基于拉曼光谱技术的食品、食品品质及安全检测方法研究

5.1　拉曼光谱掺假检测

5.1.1　食品掺假检测

奶粉的掺假问题是奶粉品质安全最为严重的问题之一，其中添加的物质不仅给消费者带来经济损失，同时导致消费者营养不良甚至危害健康和生命。针对一般奶粉掺假物质利用传统理化方法和拉曼光谱均能有效检出。但是利用传统的理化方法对奶粉中的掺假物质进行鉴别不仅存在前处理复杂、耗时、成本高的特点，而且不一定能够检测到其中的特异性掺假物质，从而难以实现掺假物质的特异性鉴别。拉曼光谱法则可根据不同掺假物质的特征对掺假物质进行特异性识别，从而实现快速无损检测。陈达等[①]以 10 种常见主流品牌的奶粉作为标准样品进行对比实验，加入市面上最常见的 4 种掺杂物质：面粉、淀粉、滑石粉和大豆粉，验证了拉曼成像技术在奶粉掺杂识别中的可行性。使用共聚焦显微拉曼成像仪器对奶粉样品进行信息采集，采用线聚焦模式，在 50 倍物

---

①　陈达，黄志轩，韩汐，等．奶粉掺假拉曼光谱成像检测新方法 [J]．纳米技术与精密工程，2017，15（1）：26—30．

镜条件下，激光功率 75mW，扫描范围 100 ～ 2000cm⁻¹。采用均匀设计的方式对各种掺杂物进行混合，掺杂浓度范围为 0 ～ 45%，分别配置掺杂面粉、淀粉、滑石粉和大豆粉的奶粉样品各 18 个。在此基础上，额外采集了 90 份不同批次的正规奶粉样品，用于确定非掺杂奶粉的变动范围。因此，针对单个掺杂方式，一共采集 270 组掺杂数据，其中 100 组为纯奶粉样品，用于后续建模研究及验证。陈达采用自适应小波变换（Adaptive Wavelet Transform，AWT）进行拉曼光谱信息的分级及重构，其处理效果如图 5-1 所示，经过 AWT 算法滤波后，拉曼光谱信号显著增强，有效滤除了奶粉体系中的荧光背景及噪声干扰。研究建立的预测模型，在面粉、淀粉及滑石粉的掺杂方式中，分别有 1 个掺杂样品被错误识别为纯奶粉，其判别正确率高达 98.9%，在大豆粉的掺杂体系中，掺杂物质被 100% 识别。其研究结果说明，共聚焦显微拉曼光谱技术可以实现奶粉中掺假物质的高效识别与定量检测。

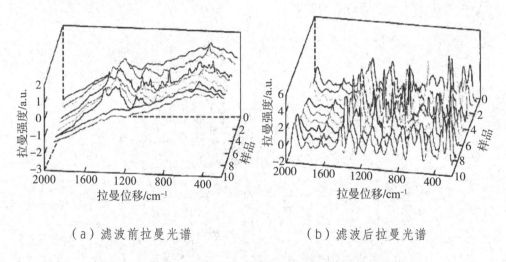

（a）滤波前拉曼光谱　　　　　　　　（b）滤波后拉曼光谱

图 5-1　利用 AWT 滤波前后的不同样品区域的拉曼光谱信息

上述共聚焦显微拉曼成像仪的成本较高，一般不太适用于大规模的应用推广。奶粉掺假除了掺杂其他单一类型的物质，也有可能出现高价品牌奶粉掺杂低价品牌奶粉的情况，而不同的复合奶粉品牌通常具有不同的配方，因而具有不同的特征拉曼光谱，进而可利用拉曼光谱实现奶粉品牌的鉴别。张正勇等[①]针对奶粉假冒伪劣风险，以品牌奶粉为对象，研究了拉曼光谱结合相似度算

① 　张正勇，沙敏，刘军，等 . 基于高通量拉曼光谱的奶粉鉴别技术研究 [J]. 中国乳品工业，2017，45（6）：49-51.

法进行快速、高通量奶粉品牌鉴别应用的可行性。以自制多孔板为样品制备平台，高通量获取待测样品拉曼光谱信息，具有样品用量少、无须样品前处理过程、信号采集速度快等优点。进一步运用全谱数据结合相关系数法，研究品牌奶粉间相似度差异，构建质量波动控制图。结果显示（图5-2）：品牌奶粉内部拉曼光谱相似度差异较小，A品牌奶粉品牌内光谱相似度相关系数为0.9992～0.9997；品牌奶粉间拉曼光谱相似度差异相对较大，C品牌、E品牌、B品牌、D品牌与A品牌奶粉的拉曼光谱相关系数值分别为0.950、0.977、0.971、0.995，可以看出品牌奶粉与研究对象A品牌奶粉间存在一定的拉曼光谱相似度，这与奶粉主要成分均为蛋白质、脂肪、糖类有关。尽管各品牌奶粉与A品牌奶粉间相关系数值达到了0.95以上，不过与A品牌奶粉内部拉曼光谱相关系数值$较而言，这种不同品牌奶粉的相关系数值差异依旧是明显小于0.9992，因此，依然能够有效地鉴别出品牌奶粉的相似度差异，据此结合质量波动控制图，可初步实现品牌奶粉鉴别控制。

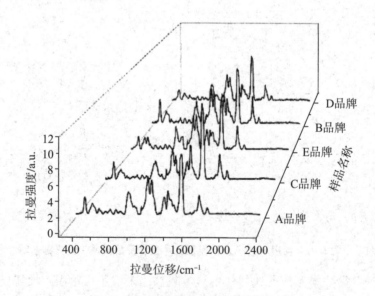

图5-2　不同品牌奶粉拉曼光谱

同时，陈达等发展了一种多光谱融合新技术，该技术充分利用拉曼光谱与红外光谱的互补特性，并借助数据融合手段，高效实现奶粉掺假检测。为进一步提升数据融合算法的准确性，有机结合离散小波变换（DWT）多尺度特性及竞争性自适应重加权偏最小二乘线性判别（CARS-PLSDA）算法，以有效扣除光谱建模中的干扰信息。在DWT-CARS-PLSDA算法中，首先分别采用

DWT 算法扣除拉曼及红外光谱数据中的背景及噪声信息，然后将 DWT 处理后的光谱数据以变量融合的方式得到整体的融合光谱特征（图 5-3）。在此基础上，采用竞争性适应重加权算法（CARS）对融合光谱的波长变量进行筛选，结合偏最小二乘线性判别分析（PLSDA）分别建立掺加面粉、淀粉的奶粉掺假模型。为验证多光谱融合技术的有效性，对 4 种典型奶粉掺假体系分别建立分类判别模型。结果（表 5-1）表明，基于 DWT-CARS-PLSDA 多光谱融合算法所建的面粉、淀粉、糊精和大豆分离蛋白奶粉掺假模型灵敏度分别为 94.74%、100%、84.21% 和 100%，正确率分别为 99.42%、98.83%、98.25% 和 98.83%。与单独对拉曼光谱或红外光谱建立模型相比，4 种模型能够显著提高奶粉掺假检测灵敏度和准确性，为奶粉掺假快速诊断提供了一种有效工具。

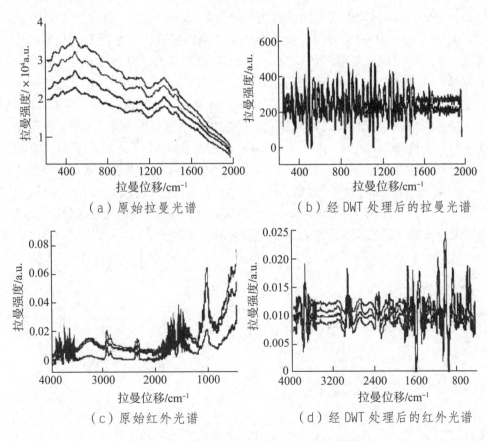

（a）原始拉曼光谱 （b）经 DWT 处理后的拉曼光谱

（c）原始红外光谱 （d）经 DWT 处理后的红外光谱

图 5-3　原始拉曼光谱及离散小波变换处理后的光谱

表 5-1　3 种常被用于奶粉掺假的物质的预测模型结果

掺假物质	淀粉			糊精			大豆分离蛋白		
待处理数据	拉曼光谱	红外光谱	融合光谱	拉曼光谱	红外光谱	融合光谱	拉曼光谱	红外光谱	融合光谱
变量个数	70	29	73	25	60	33	33	177	50
正确率 /%	97.07	95.32	100.00	96.49	96.49	98.25	96.49	96.49	98.83

　　王海燕等[①]为实现奶粉的真伪鉴别，采集 3 种品牌贝因美、飞鹤和雀巢奶粉的拉曼光谱，并利用拉曼光谱图特征峰结合最近邻算法的模型对 3 种品牌奶粉进行识别，在 10 次交叉验证的基础上，平均识别率为 99.56%。为实现奶粉的掺伪分析，将飞鹤奶粉与雀巢奶粉按不同质量比（0 ∶ 1、1 ∶ 3、1 ∶ 1、3 ∶ 1、1 ∶ 0）混合成 5 种掺伪奶粉，提取掺伪奶粉中的脂肪，采集脂肪样品的拉曼光谱，分别使用拉曼光谱图特征峰结合最近邻算法的模型和核主成分分析结合最近邻算法的模型对 5 种脂肪样品进行识别，10 次交叉验证下的平均识别率分别为 93.33% 和 98.89%，平均运算时间分别为 0.085s 和 0.104s。图 5-4 是 3 种品牌奶粉的拉曼光谱图，各谱峰代表的官能团信息见表 5-2。3 种品牌奶粉在 400 ～ 500cm^{-1}、800 ～ 900cm^{-1}、940 ～ 960cm^{-1} 这 3 个范围内的谱图有细微的差异，这 3 个特征峰区间分别对应的是不同蛋白质、脂肪和碳水化合物的 C—C—C 的弯曲振动和 C—O 扭曲振动、C—C 和 C—O 伸缩振动、C—O—C 弯曲振动、C—O—H 弯曲振动和 C—O 伸缩振动，因此，不同品牌奶粉的拉曼光谱图差异源于蛋白质、脂肪和碳水化合物的含量差异。

[①]　王海燕, 宋超, 刘军, 等. 基于拉曼光谱–模式识别方法对奶粉进行真伪鉴别和掺伪分析. 光谱学与光谱分析, 2017, 37（1）: 124–128.

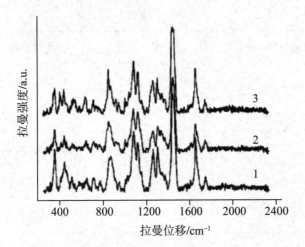

图5-4 三种品牌奶粉的拉曼光谱图（1. 贝因美；2. 飞鹤；3. 雀巢）

表5-2 奶粉主要拉曼特征峰归属

拉曼位移 /cm⁻¹	拉曼峰归属
356	乳糖
445	δ (C—C—C)+τ(C—O)
648	δ (C—C—O)
716	(C—S)
765	δ (C—C—O)
860 ~ 920	(C—C)+(C—O)+ CH₃
949	δ (C—O—C)+δ(C—O—H)+(C—O)
1007	苯基丙氨酸环呼吸
1083	(C—O)+(C—C)+ δ (C—O—H)
1122	(C—O)+(C—C)+ δ (C—O—H)
1266	(CH₂) 酰胺Ⅲ

拉曼位移 /cm^{-1}	拉曼峰归属
1306	δ (CH$_2$) 扭曲
1344	δ (C＝H)；(C＝O)
1450	δ (CH$_2$) 剪切
1661	(C＝O) 酰胺 I；(C＝O)
1479	(C＝O) 酯

为实现 3 种奶粉的快速识别，王海燕等选取波段：400 ~ 500cm^{-1}、800 ~ 900cm^{-1} 和 900 ~ 1250cm^{-1} 对应的峰值构造新的样品矩阵；利用最近邻法分类器对 3 种奶粉进行分类，在 10 次交叉验证的基础上（表 5-3），平均识别率 99.56%。因此，最近邻法分类器结合特征峰的方法可快速鉴别 3 种奶粉。王海燕等随机选取上述雀巢奶粉样品 6 个、飞鹤奶粉样品 5 个；分别将雀巢奶粉与飞鹤奶粉按不同质量比（0：1、1：3、1：1、3：1、1：0）混合，共得 150 个掺伪奶粉样品，选取 5 种掺伪奶粉的脂肪样品拉曼谱图中波段 800 ~ 900cm^{-1}、1000 ~ 1200cm^{-1} 和 1600 ~ 1750cm^{-1} 对应的峰值构造新的样品矩阵；利用最近邻法分类器对 5 种奶粉脂肪样品进行分类，10 次交叉验证的结果见表 5-4 所列，10 次交叉验证的平均识别率为 93.33%。结果表明，对归一化后数据取特征峰值，结合最近邻法分类器，在 10 次交叉验证的基础上，可以对 5 种奶粉脂肪样品实现良好的分类，但方法不够稳定，且 10 次实验中没有 100% 的识别率出现。所以，王海燕等结合核主成分法及最近邻法对 5 种奶粉脂肪样品进行分类，10 次交叉验证的结果见表 5-5 所列，10 次交叉验证的平均识别率为 98.89%。

表 5-3　三种奶粉 10 次交叉验证的识别率

样品	1	2	3	4	5	6	7	8	9	10
准确度 /%	97.78	100.00	100.00	100.00	97.78	100.00	100.00	100.00	100.00	100.00

表 5-4　最近邻法结合特征峰方法 10 次交叉验证的识别率

样品	1	2	3	4	5	6	7	8	9	10
准确度 /%	91.11	97.78	93.33	93.33	91.11	100.00	100.00	100.00	100.00	100.00
平均时间 /s	0.087	0.089	0.082	0.079	0.088	0.084	0.081	0.084	0.087	0.085

表 5-5　核主成分法结合最近邻法 10 次交叉验证的识别率

样品	1	2	3	4	5	6	7	8	9	10
准确度 /%	97.78	100.00	100.00	97.78	100.00	100.00	100.00	97.78	95.56	100.00
平均时间 /s	0.107	0.099	0.105	0.102	0.098	0.105	0.107	0.106	0.109	0.097

2. 酒类掺假检测

随着我国经济的发展和生活水平的提高，饮酒越来越普遍。适量饮酒能促进血液循环、疏通经络，使人体各器官的代谢速度加快从而增加食欲、振奋精神、消除疲劳和增强生命活力。在对酒需求量增大的同时人们对酒的品质如酒的成分、酒精浓度、酒龄等要求逐渐提高。

酒精饮料是一种复杂的混合物，由多种不同性质的物质组成。有些不法商贩为获取暴利，利用此性质制造假酒销售，危害消费者健康。目前市场上出现假酒主要包括两类，一类是部分小酒厂为销售业绩而仿冒名酒；另一类是用工业酒精勾兑成食用酒销售。白酒类掺假事件较多，无论假酒或劣酒，基本都被检出含有高浓度的甲醇。甲醇是无色透明、易挥发的剧毒物质，饮用 15mL 使人致盲，30mL 以上就可致死。随着近几年的酒精中毒事件频频发生，人们对酒的质量也越来越重视。但由于假酒中甲醇的化学性质、物理性质尤其是气味、滋味等与乙醇相似，仅凭感官鉴别难以区分。葡萄酒同样遇到较多的掺假问题，掺假手段也有很大的变化，从简单的掺水稀释和添加廉价的替代物发展到根据各种葡萄酒的组成经过周密的工艺设计而进行非常精细的添加，使用甘油、有机酸、糖、添加剂等物质造假勾兑。例如，在发酵前或发酵过程中用糖进行浓缩，以及添加乙醇以增加天然乙醇含量达到增加葡萄酒价值的目的，葡萄酒糖度不够而添加甜味剂等，通过这些手段降低成本获得更高的市场价格，而传统检测

147

技术对于这些已不再适用，需开发一种多元化的、精准的液态品质检测技术。

目前，市场上对酒质量检测主要依靠行业有经验的专业品酒师判别，此方法主观性较强，且无统一评判标准，无法在市场上推广运用。除感官判定，通常以化学方法检测如气相色谱法，这种方法检测结果虽精准但费时长、操作烦琐、效率低，并且影响酒类质量的化学成分较多，完全测出这些成分非常复杂，并且只能抽样检查。随着传感器技术和计算机技术的快速发展，国际上已经出现了能对生物嗅觉功能模仿的仪器——人工嗅觉系统（电子鼻）。电子鼻工作过程如图 5-5 所示，通过获取酒类气味挥发物的综合信息鉴别酒质量，是对被测物品质量的整体反映。但随着市场酒种类增多，凭借气味种类鉴别酒品质已无法满足市场需求。所以，寻找一种方便、快速、实时地进行饮料酒品种、产地及其酒龄鉴定的技术是酒品安全和品质控制中最重要的问题之一。

图 5-5　人工嗅觉系统过程

近年来随着光谱技术的发展，因其检测速度快，操作简单而逐渐应用于酒类品质鉴别。主要影响酒品质的因素为假酒，检测假酒中的甲醇含量可作为鉴别假酒的主要依据。姚杰等[1] 采用红外光谱获取含有甲醇的酒精混合液的透射光谱曲线，与乙醇水溶液光谱比较如图 5-6 所示，可观察到不同甲醇含量在甲醇特征峰处（ $1008 \sim 1022\text{cm}^{-1}$ ）有明显的变化，结果表明使用红外光谱法检测甲醇含量 $\geq 5\%$（ 3.95g/100mL）的假酒是可行的。之后谭琨等[2] 采用近红外光谱技术分别采集掺入不同比例甲醇的假酒和真酒的光谱反射曲线，通过预处理得出假酒中甲醇光谱不被乙醇光谱掩盖的特征峰作为特征谱带，并用特征谱带结合支持向量机建立酒类判别模型，得出最低 85% 判断正确率区别假酒和真酒，以上研究证实了光谱检测技术鉴别真假酒的理论可行性。

① 姚杰，杨倩，孙彩云，等.红外光谱法定性分析假酒中的甲醇 [J].光谱实验室，2000，17（1）：35-37.

② 谭琨，叶元元，杜培军.基于支持向量机的假酒近红外光谱识别分类研究 [J].光子学报，2013，42（1）：69-73.

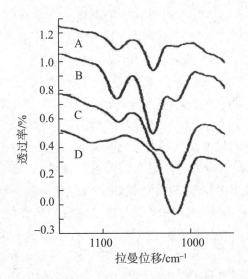

图5-6 不同浓度的甲醇混合乙醇水溶液红外光谱

A.5% 甲醇 +55% 乙醇 +40% 水；B.10% 甲醇 +50% 乙醇 +40% 水；C.30% 甲醇 +30% 乙醇 +40% 水；D.50% 甲醇 +10% 乙醇 +40% 水

　　红外与近红外光谱法虽可用于酒精的定性与定量分析，但其原理主要是利用含 H 基团如 C—H、N—H、O—H 等伸缩振动的各级倍频和各级合频的吸收进行分析，所以吸收带重叠严重，光谱所包含的化学信息难以有效提取，只能对物质整体品质评估，且酒的水分含量很高，水中 O—H 的吸收信号很强从而影响分析精度，而光谱技术中的拉曼光谱技术，由于水的拉曼信号很弱，从而对水溶液可直接检测，且拉曼光谱峰清晰尖锐，每一个峰位代表一种物质的特征峰，能够直接反映组分信息，更适合于液体类定性判别及定量分析。所以在酒类等水溶液饮品品质鉴别方面拉曼光谱检测技术运用较多，通过测试和分析各种已知酒饮料的拉曼光谱，可为酒类品质的鉴定与掺假酒鉴别提供参考。谭红琳和李智东[①] 对乙醇、甲醇、工业乙醇及食用白酒做拉曼光谱分析。甲醇与其他三者有不同的振动光谱，因而可依据此检查掺假酒中的甲醇，并且通过曲线可看出由于工业乙醇杂质含量比较多，整个谱线没有乙醇、白酒谱线光滑清晰，因此也可判别劣质酒与纯正酒。

---

① 谭红琳，李智东 . 乙醇、甲醇、食用酒及工业酒精的拉曼光谱测定 [J]. 云南工业大学学报，1999，（2）：1-3.

"贵州茅台"在国内外享有盛誉，但市场上"假茅台"酒事件频频出现，茅台酒的真伪鉴别对于消费者和商家都尤为重要。贾廷见[①]购买真贵州茅台酒1#（飞天牌，53°）和假贵州茅台酒2#（飞天牌，53°）样品，都已经专业品酒师鉴定真假，通过采集激发波长为633nm的真、假茅台酒和无水乙醇的正常拉曼光谱和表面增强拉曼光谱比较分析。正常拉曼光谱结果显示（图5-7）真、假茅台酒的正常拉曼光谱特征峰与乙醇的正常拉曼光谱特征峰基本一致，区别在于茅台有一个较宽的水峰位于3400cm^{-1}左右，这表明白酒的主要成分是乙醇和水，则乙醇的含量越高时水的含量相对减少，峰强度越低，因此，以水峰和乙醇最强峰2929cm^{-1}的相对强度比可测定出白酒酒精度。图5-7（b）中，由于假茅台酒杂质较多，曲线没有真茅台酒曲线平滑，且由于假茅台酒中水分含量较多导致光谱中水峰强度较高。由于正常拉曼光谱灵敏度低，所以真、假茅台酒正常拉曼谱的谱图成分差别不太明显。通过表面增强，真、假茅台酒的光谱差异明显，结果显示（图5-8）真茅台酒出现了属于其主要香味成分糠醛的谱峰（504cm^{-1}、712cm^{-1}、1003cm^{-1}、1130cm^{-1}、1237cm^{-1}、1276cm^{-1}、1395cm^{-1}、1457cm^{-1}），而在假茅台酒中这些峰不出现或者强度很弱，由于表面增强可将酒的细微特征放大，因此表面增强拉曼光谱法可以作为鉴别茅台酒品质和真伪的一种强有力手段。

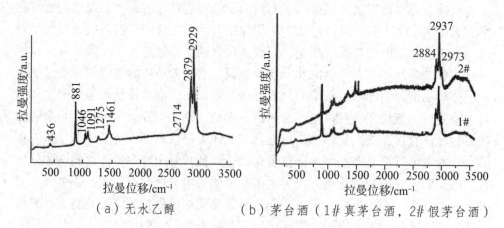

（a）无水乙醇　　　　（b）茅台酒（1#真茅台酒，2#假茅台酒）

图5-7　正常拉曼光谱

① 贾廷见.真假茅台酒在银胶上的SERS光谱分析[J].商丘职业技术学院学报，2012，11（2）：65-67.

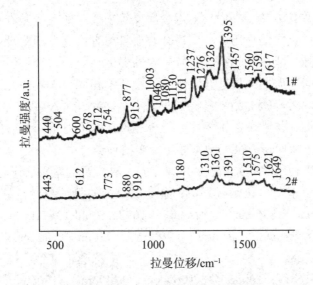

图 5-8 真茅台酒 1# 和假茅台酒 2# 表面增强拉曼光谱

根据研究得出，对于酒类掺假鉴别可直接通过拉曼光谱对比乙醇和水峰进行定性鉴别，体现了拉曼光谱技术的灵敏性，同时可根据其强度进行定量分析得出掺假浓度及酒精含量。

葡萄酒一直受到各种欺诈行为，酒诈骗变得越来越复杂，形式多样，对于葡萄酒的可追溯性和真实性的评估成为主要的关注方向。Geana 等[①] 用同位素标记法作为原始标志物（$\delta^{13}C$和$\delta^{18}O$），通过测定稳定的同位素含量可检测出假冒餐酒中糖和水的外源添加量，也可获得餐酒的酒精强度。同样，利用拉曼光谱方法找到掺假物质特征位置，并根据其峰值可直接对葡萄酒真伪性鉴别。

5.1.2 食品掺假检测

1. 蜂蜜种类的鉴别

蜂蜜根据其来源可分为枇杷蜜、冬蜜、椴树蜜、槐花蜜等。不同种类的蜂蜜内部含有的成分并不相同，比如冬蜜源于中药树种鸭脚木花蜜，是岭南特有冬季蜜种，故俗称"冬蜜"。冬蜜有着较易结晶、质地优良、味甘而略带特有

---

① Geana E I, Popescu R, Costinel D, et al. Verifying the red wines adulteration through isotopic and chromatographic investigations coupled with multivariate statistic interpretation of the data[J]. Food Control, 2016, 62: 1-9.

苦味的特点，并有清热、补中、解毒、润燥等功效；槐花蜜是春季蜜种，具有去湿利尿、凉血止血的作用，比较适合心血管患者保健食用；枇杷蜜产自于枇杷花，具有清肺、泄热、化痰、止咳平喘的保健功效，适合伤风感冒、易咳的人群食用。不同体质的人群适合食用的蜂蜜并不相同，人们往往通过蜂蜜呈现出的颜色等外观对蜂蜜的品种进行判断，然而这种方法误差较大，很难准确地判断蜂蜜的种类。与外观鉴别相比，拉曼光谱技术可对不同蜂蜜的内部含有的成分进行鉴别，从而可以准确地判断出蜂蜜的种类。

Oroian 等[①]利用拉曼光谱技术实现了对 5 种蜂蜜的鉴别，分别为金合欢蜜、椴树蜜、向日葵蜜、百花蜜。其中，金合欢蜂蜜的特征拉曼位移为 $800cm^{-1}$、$821cm^{-1}$、$838cm^{-1}$、$856cm^{-1}$、$1028cm^{-1}$、$1072cm^{-1}$ 和 $1367cm^{-1}$。椴树蜜的特征拉曼位移为 $916cm^{-1}$、$917cm^{-1}$、$919cm^{-1}$、$920cm^{-1}$、$921cm^{-1}$、$1070cm^{-1}$、$1636cm^{-1}$、$1637cm^{-1}$、$1641cm^{-1}$、$1642cm^{-1}$。百花蜜的特征拉曼位移位于 $1066cm^{-1}$、$1067cm^{-1}$、$1068cm^{-1}$、$1069cm^{-1}$、$1349cm^{-1}$、$1365cm^{-1}$、$1458cm^{-1}$、$1459cm^{-1}$ 和 $1461cm^{-1}$ 处。对于向日葵蜂蜜，其拉曼特征位移分别为 $1064cm^{-1}$、$1065cm^{-1}$、$1070cm^{-1}$、$1071cm^{-1}$、$1075cm^{-1}$、$1076cm^{-1}$ 和 $1077cm^{-1}$ 最终利用所得到的特征拉曼位移进行线性偏最小二乘建模，模型对以上 4 种蜂蜜的判断总体正确率为 83.33%。

杨娟[②]利用拉曼光谱技术实现了对荔枝蜜、椴树蜜、洋槐蜜、油菜蜜和荆条蜜 5 种蜂蜜的鉴别，图 5-9 为 5 神蜂蜜的拉曼光谱图，在 $421cm^{-1}$、$519cm^{-1}$、$628cm^{-1}$、$705cm^{-1}$、$819cm^{-1}$、$866cm^{-1}$、$1063cm^{-1}$、$1122cm^{-1}$、$1264cm^{-1}$、$1363cm^{-1}$ 和 $1457cm^{-1}$ 处都有明显的蜂蜜的拉曼特征峰。为了消除光谱的共线性，首先利用所采集到的 5 种蜂蜜的拉曼光谱进行 PCA 预处理，其中前 10 个主成分的累计方差贡献率达到了 98.15%，见表 5-6。在后续分析中，选取 PCA 处理后的前 10 个主成分与 PLS-DA 相结合建立判别分析模型。其中，校正集的总体判别正确率为 90.9%，洋槐蜜、油菜蜜、椴树蜜、荆条蜜和荔枝蜜的判别正确率分别为 98%、93.9%、93.5%、85.3% 和 88.2%。交叉验证的总体判断正确率为 87.3%，洋槐蜜、油菜蜜、椴树蜜、荆条蜜和荔枝蜜判断正确率为 96%、91.8%、83.9%、76.5% 和 86.1%。

① Oroian M, Ropciuc S. Botanical authentication of honeys based on Raman spectra[J]. Journal of Food Measurement & Characterization, 2018, 12（1）：545-554.
② 杨娟. 基于多种光谱技术的蜂蜜和蜂胶品种鉴别研究 [D]. 中国农业科学院论文，2016.

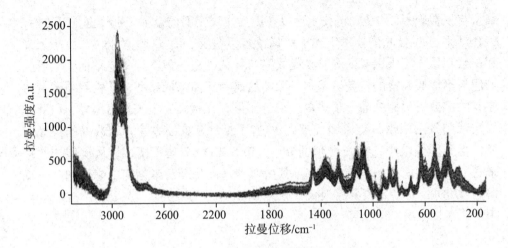

图 5-9　65 种蜂蜜的拉曼光谱图

表 5-6　蜂蜜拉曼光谱前 10 个主成分累计方差贡献率

主成分	方差贡献率 /%	累计贡献率 /%
PC1	47.06	47.06
PC2	31.48	78.54
PC3	8.47	87.00
PC4	7.98	94.98
PC5	2.29	97.27
PC6	0.42	97.68
PC7	0.17	97.85
PC8	0.12	97.98
PC9	0.10	98.08
PC10	0.07	98.15

2. 掺假蜂蜜的检测

　　近年来，蜂蜜掺假问题也屡屡发生，很多蜂蜜企业为了达到以次充好的目的向蜂蜜中添加了大量的低成本糖类。而人们在购买蜂蜜时往往难以鉴别掺假蜂蜜与正常蜂蜜，拉曼光谱技术可以在不损伤蜂蜜的前提下鉴别蜂蜜是否掺假。Li 等[1] 利用拉曼光谱技术实现了对蜂蜜掺假鉴别，图 5-10 为未掺假、掺入麦芽糖浆和掺入高果糖浆的蜂蜜拉曼光谱（掺假的量一致），从光谱曲线来看，掺假与不掺假蜂蜜的拉曼峰基本一致，这是由于高果糖浆和麦芽糖浆与蜂蜜中原有的果糖、葡萄糖的分子式较为相近，但在光谱强度上表现出差异，以此作为定性判别的依据。对原始拉曼光谱使用 airPLS 算法去除光谱数据的荧光背景，再利用偏最小二乘线性判别分析（PLS-LDA）建立模型，从模型的效果来看，总体判断正确率为 91.1%。其中对掺入高果糖玉米糖浆的蜂蜜判断正确率为 97.8%，对掺入麦芽糖装的蜂蜜判断正确率为 75.6%。这表明，拉曼光谱用于蜂蜜掺假的检测是可行的。

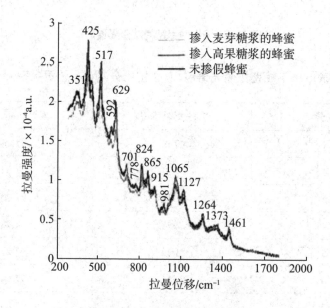

图 5-10　掺假蜂蜜拉曼光谱对比

① 　Li S，Shan Y，Zhu X，et al. Detection of honey adulteration by high fructose com syrup and maltose syrap using Raman spectroscopy [J]. Journal of Food Composition & Analysis，2012，28（1）：69–74.

5.2 拉曼光谱品质检测

5.2.1 食品品质检测

酒的主要成分除了乙醇等醇类物质外，还包括有机酸及脂类化合物、酚酸类物质等微量成分，这些成分对人体健康有着积极促进作用，所以准确检测酒中的成分具有重要意义。目前采用拉曼对酒成分及品质的研究方向主要包括：①酒成分测定；②酒在发酵过程的成分控制与监督；③酒类品种、年份、产地等鉴别。

在酒的主要成分中，乙醇的体积比是酒类产品品质检测中的关键参数，尤其是白酒。在国标《酒中乙醇浓度的测定方法》（GB 5009.225—2016）中规定4种检测乙醇含量方法，包括密度瓶法、酒精计法、气相色谱法及数字密度计法。根据不同的酒品种可采用不同的方法检测，但都操作烦琐、耗时长。对酒类等水溶液乙醇检测，采用拉曼光谱检测较多且比较灵敏。李庆波等[①]采用无水乙醇（分析纯）和去离子水以5%为间隔、范围为5%～70%，配置不同浓度的乙醇水溶液模拟白酒中的乙醇含量，并采用光栅色散型便携式光谱仪采集拉曼光谱。

采集拉曼光谱时由于受荧光干扰，原始光谱曲线存在荧光背景需扣除。图5-11（a）和图5-11（b）分别为乙醇水溶液扣除容器背景前后的拉曼光谱图，从图中可以发现经过背景扣除后的乙醇溶液拉曼光谱表现出明显的3个特征峰，分别位于$870cm^{-1}$、$1050cm^{-1}$和$1450cm^{-1}$。其中$870cm^{-1}$附近的特征峰是由C—C—O面内伸缩产生，$1050cm^{-1}$的特征峰是由C—C—O面外伸缩产生，而$1450cm^{-1}$是由CH_3的不对称变形引起。随着乙醇浓度增加，位于$1250cm^{-1}$处由C—H—O完全振动的醇峰也在逐渐增加。通过分别建立特征波长一元线性回归模型、偏最小二乘回归模型及净信号一元线性回归模型比较分析发现，基于净信号分析的建模方法，两组数据的独立预测误差分别为0.4%和0.46%，远小于前两种方法所建模型，因此，这种方法能够较好对乙醇定量分析，所建模型稳定性好，为现场检测奠定基础。除乙醇外，还有其他成分的检测，Martin

---

① 李庆波，于超，张倩暄．基于净信号的乙醇含量拉曼光谱分析方法研究 [J]．光谱学与光谱分析，2013，33（2）：390-394．

等 [1] 用紫外－可见光谱、激光诱导荧光光谱和拉曼光谱技术研究了含酚酸的白葡萄酒，通过对酚酸类化合物的密度泛函理论计算进行光谱分析。结果表明，只有羟肟酸与325nm波长的激光激发线共振，因此作为拉曼光散射强的激发源。而真正的白葡萄酒也显示出相同的共振拉曼散射，使得酒中的羟基肉桂酸的含量可以被精确地确定。对真白干葡萄酒的拉曼光谱分析揭示了对羟基肉桂酸衍生物中的香豆酸和咖啡酸成分定性分析的优势。这不仅可对酒成分进行检测，也可通过拉曼光谱对酒质地进行判别。

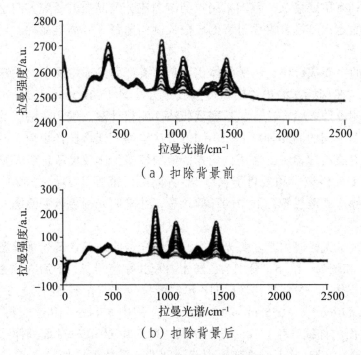

（a）扣除背景前

（b）扣除背景后

图 5–11　乙醇水溶液拉曼光谱

对使用拉曼光谱研究酒类成分可行性检测初步探索成熟，后人结合实际深入研究优化酒品质的定性与定量预测模型的方法。先前的研究中多采用傅立叶变换拉曼光谱仪，但其体积庞大、价格昂贵，应用受到限制。吕慧英等 [2] 采用便携式拉曼光谱仪测定白酒中的乙醇含量，利用单波数、单峰区间和多个特征

① Martin C，Bruneel J L，Castet F，et al. Spectroscopic and theoretical investigations of phenolic acids in white wines[J]. Food Chemistry，2017，221：568–575.

② 吕慧英，李高阳，范伟，等．采用便携式拉曼光谱仪测定白酒中乙醇含量[J].食品科学，2013，34（24）：107–109.

峰区间的光谱建立不同预测模型比较。结果得出，采用 800 ~ 1150cm^{-1} 建立模型预测结果最佳，校正均方根误差为 0.4537%，预测均方根误差为 0.5575%。证实便携式拉曼光谱仪可以实现白酒中乙醇含量的快速无损测定，为现场检测酒品质提供技术支持。

模型优化方法除了优化硬件，优化建模方法也是一个重要的手段。传统方法一般采用线性回归法建立成分浓度与峰比的线性关系反演浓度从而实现成分的定性定量分析，但仅在较低浓度范围适用。针对这一问题，孙兰君等[①]采用自主研制的激光拉曼乙醇含量检测系统研究了不同浓度乙醇溶液拉曼光谱特征峰与水峰相对强度关系，分别采用二次多项式和 e 指数数学模型对拉曼峰值强度比随乙醇浓度变化的关系进行非线性回归建模。结果得出，非线性拟合相关系数分别为 0.997 和 0.998，且非线性回归模型乙醇浓度精确测量的适用范围为 3% ~ 97%，拟合效果如图 5-12 所示，展示出很好的预测效果。非线性数学模型可为乙醇溶液浓度定量分析提供理论基础，将该数学模型应用于乙醇含量检测系统，可精确反演乙醇浓度，从而实现大浓度范围内具有荧光背景干扰的乙醇溶液快速、实时、准确的定量分析，并证实可通过非线性方法建立酒品质预测模型。

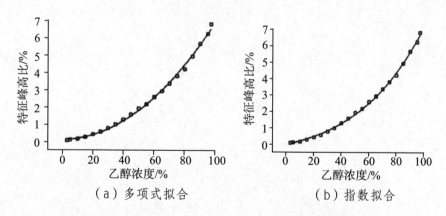

（a）多项式拟合　　　　　　　　（b）指数拟合

图 5-12　拉曼特征峰相对强度比与乙醇浓度非线性拟合曲线

葡萄酒已成为日常消费品，消费者对葡萄酒成分及品质极其重视。由于葡萄酒的特殊性与其化学含量和来源有关，在不同的激发能量下，拉曼散射特性不同。葡萄酒某些成分可在紫外或可见光范围内共振激发，因此，可复合拉曼

① 孙兰君，张延超，任秀云，等.拉曼光谱定量分析乙醇含量的非线性回归方法研究 [J].光谱学与光谱分析，2016，36（6）：1771–1774.

光谱技术表征品种及成分。Martin 等[1]利用 3 种不同波长的入射激光包括在近紫外（325nm）、可见光（532nm）、近红外（785nm）的拉曼散射对葡萄酒成分定性分析，样品选用法国的两种白葡萄酒（干和半干），采集到的不同激发波长的拉曼光谱如图 5-13 所示。可看到两种葡萄酒在 325nm 处激发的电子共振

拉曼散射光的强度最强，并展示出了乙醇 C—C 和水分子 O—H 的主要拉曼峰。然而，多酚、糖和其他分子也会对 C—H 和 O—H 伸缩振动在 2800 ~ 3600cm^{-1} 频带的强度做出贡献，但非常微弱。由于荧光背景的影响，各峰值强度表现不明显，图 5-13（c）为去除荧光背景的拉曼光谱，拉曼峰更加突出，其中 879cm^{-1} 为乙醇特征峰，并且 325nm 激发的拉曼光谱在 1600cm^{-1} 附近有其他分子振动峰，品种的峰值也有明显区别 [图 5-13（a）、（b）]。为进一步确定特征峰，Martin 采用咖啡酸和五倍子酸标准做对比，结果如图 5-14 所示，可看到 325nm 激发波长处的咖啡酸在 1600cm^{-1} 附近有明显振动峰，且与图 5-13（c）的干型葡萄酒的峰型一致，说明样本 a 中含有咖啡酸，结果表明了拉曼光谱技术结合其他激发光可实现白葡萄酒成分的定性分析与品种鉴别的潜力。

[1]　Martin C，Bruneel J L，Guyon F，et al. Raman spectroscopy of white wines[J]. Food Chemistry，2015，181：235-240.

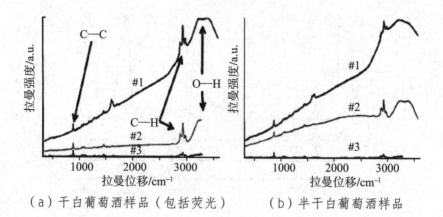

（a）干白葡萄酒样品（包括荧光） （b）半干白葡萄酒样品

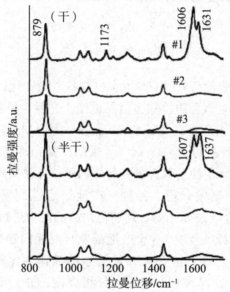

（c）去除荧光背景；#1.近紫外（325nm）；

#2.可见光（532nm）；#3.近红外（785nm）

图 5-13 两种葡萄酒品种在不同激发光处的拉曼光谱

159

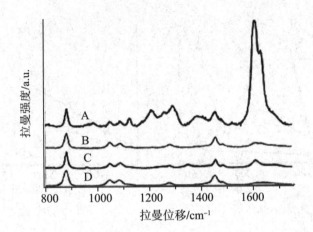

图 5-14　五倍子酸和咖啡酸在 532nm 和 325nm 的拉曼光谱

A、C：五倍子酸在 532nm 和 325nm 的拉曼光谱；B、D：咖啡酸在 532nm 和
325nm 的拉曼光谱

　　除白酒及常见的葡萄酒外，一些国家也有特色酒文化，如威士忌、伏特加、朗姆酒、龙舌兰等，对酒品质检测也倍加重视。龙舌兰酒是墨西哥的国酒，被称为墨西哥的灵魂，该酒是以龙舌兰（Agave）为原料经过蒸馏制作而成的一款蒸馏酒。墨西哥学者 Frausto-Reyes 等[①] 采用拉曼光谱技术和主成分分析定性地描述了龙舌兰酒样品中的乙醇含量。此外利用该方法实现龙舌兰型的分类。

　　拉曼光谱还用于酒的年份、品种、产地等定性判别。Magdas 等[②] 采用1064nm 激光激发傅立叶拉曼光谱对判别葡萄酒的潜力进行探索，采用 30 瓶分别来自 2 个品种、连续 5 年次、3 个产地的罗马尼亚白葡萄酒作为研究目标，同时使用超纯水、分析级乙醇和 15% 乙醇水溶液作为比较，使用逐步回归线性判别算法建立年份、品种、产地 3 个分级模型，并另取 4 个产地不同的样品鉴定预测。由于乙醇和水是葡萄酒拉曼光谱的主要贡献，其光谱趋势基本

① Frausto Reyes C，Medina-Gutierrez C，Sato-Berru R，et al. Qualitative study of ethanol content in tequilas by Raman spectroscopy and principal component analysis[J]. Spectrochimica Acta Part A： Molecular and Biomolecular Spectroscopy，2005，61（11）：2657-2662.

② Magdas D A，Guyon F，Feher I，et al. Wine discrimination based on chemometric analysis of untargeted markers using FT-Raman spectroscopy [J]. Food Control，2017，85：385-391.

相同，通过减去这些信号可观察到样品之间的明显差别，其中可能是一些化合物的特征峰，可作为鉴别葡萄酒的依据。建模结果得出与品种相关特征波长包括 $-463cm^{-1}$、$-505cm^{-1}$、$-520cm^{-1}$、$-582cm^{-1}$、$-636cm^{-1}$、$-642cm^{-1}$、$-688cm^{-1}$、$-694cm^{-1}$、$-729cm^{-1}$、$-758cm^{-1}$、$-771cm^{-1}$、$-773cm^{-1}$、$-823cm^{-1}$、$-839cm^{-1}$、$-991cm^{-1}$；与产地判别模型相关特征波长包括 $-709cm^{-1}$、$-887cm^{-1}$、$-740cm^{-1}$；与年份鉴别模型相关波长为 $-767cm^{-1}$、$-543cm^{-1}$、$-530cm^{-1}$，模型判别率都为100%。在酒发酵过程中，酒成分包括醇类、糖类、各种脂类和酸类的变化对酒的品质具有重要影响，所以各参数的实时检测对酒的质量至关重要。

黄酒，世界上最古老的酒类之一，它源于中国绍兴，是以谷物为原料，利用酒药、麦曲或米曲所含的多种微生物参与酿制而成的一种低酒精度发酵原酒。近年来各行各业推动了黄酒发展，使黄酒的地位在国际国内日益倍增，所以黄酒品质质量备受国家关注。黄酒的品质主要取决于原料、相适应的加工工艺和陈酿时间。基于水的拉曼光谱特性，国内采用拉曼光谱分析黄酒品质较多。王维琴等[1]采集不同产地和不同酒龄的黄酒样品拉曼指纹信息，对比判别分析（DA）和最小二乘支持向量机（LS-SVM）对黄酒产地和酒龄快速判别模型性能，结果得出拉曼光谱结合最小二乘支持向量机鉴别模型对黄酒产地和酒龄的鉴别正确率均为100%，而判别分析鉴别模型对嘉善、绍兴和上海黄酒的鉴别正确率分别为100%、80%和80%，对黄酒酒龄的鉴别正确率均为100%，实现对黄酒产地与酒龄的快速准确鉴别。

黄酒发酵过程中代谢反应和风味物质含量变化及特性等成为品质研究重点，其成分的变化分5个过程：①糖化；②酒精发酵；③酸的生成；④蛋白质分解；⑤脂肪分解。其中乙醇和糖是影响黄酒发酵的两个最重要的过程变量。吴正宗[2]采用拉曼光谱监测20天黄酒发酵过程的乙醇和总糖变化情况，如图5-15所示的拉曼光谱图，$800 \sim 1600cm^{-1}$ 的拉曼峰主要与发酵过程中乙醇与葡萄糖的转化有关，其中 $451cm^{-1}$、$520cm^{-1}$ 和 $1124cm^{-1}$ 为葡萄糖的特征拉曼峰。随着发酵时间增加，葡萄糖浓度随乙醇的形成而降低，因此，最初的葡萄糖峰（$451cm^{-1}$）逐渐减少直至消失，同时乙醇峰值逐渐增加（$879cm^{-1}$）至最高强度，然后通过PLS与竞争自适应加权抽样（CARS）选择变量建立模型，得出乙醇

---

① 王维琴，汪丽，于海燕. 基于拉曼光谱和支持向量机的黄酒品质快速分析 [J]. 现代食品科技，2015，（3）：255-259.

② 吴正宗. 拉曼光谱分析技术在黄酒质量监控中的应用研究 [D]. 江南大学论文，2017.

与葡萄糖预测相关系数R^2都0.96，实现了黄酒发酵过程成分变化的精确检测与监督。

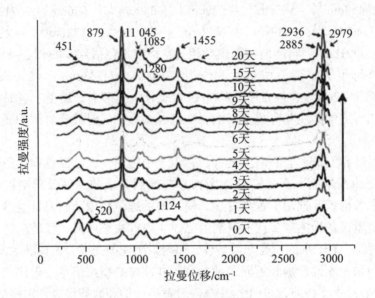

图5-15　0～20天发酵过程的拉曼光谱

5.2.2　食品品质检测

1. 水果内部品质检测

水果内部参数是构成水果感官评价等的重要评判标准，准确地对水果内部品质参数进行检测具有重要意义。利用拉曼光谱技术检测的水果内部品质参数主要有β胡萝卜素含量、糖度、硬度、嫩度等。

（1）果蔬中β胡萝卜素的定量分析

拉曼光谱对果蔬品质定量分析应用最多的是类胡萝卜素含量的检测。类胡萝卜素属于化合物，是广泛存在于自然界的一类色素，不溶于水，易溶于脂肪及脂肪溶剂，颜色从亮黄到暗红不等，有多种结构，与蛋白质结合形成复合物时，可呈现绿色或蓝色。类胡萝卜素的种类有很多种，按照其组成可分两大类：含氧类胡萝卜素和不含氧类胡萝卜素。不含氧类胡萝卜素仅由碳氢组成，如胡萝卜素、类胡萝卜素、番茄红素等；含氧类胡萝卜素主要有虾青素、玉米黄素、环氧玉米黄素等，其中含氧类胡萝卜素又可分为单环氧化物及双环氧化物。类胡萝卜素结构多样，自然界中存在着多种类胡萝卜素。

目前，已鉴定出的类胡萝卜素有700多种，其中含量丰富，分布广泛，且具有重要生理功能的主要为番茄红素、β胡萝卜素、α胡萝卜素、叶黄素等。番茄红素作为一种功能性色素，具有营养强化剂和天然色素的双重作用，广泛存在于自然界中，尤其在成熟的植物果实中含量较多，如番茄、西瓜、葡萄、胡萝卜等。β胡萝卜素存在于许多果蔬中，如甘薯、胡萝卜、番茄、菠萝等。

β胡萝卜素是果蔬中的一种普遍存在且稳定的天然色素，作为食品添加剂安全可靠，并且具有抗氧化的作用，能够预防多种疾病，是人体不可缺少的营养元素。番茄红素、β胡萝卜素的结构如图5-16所示。

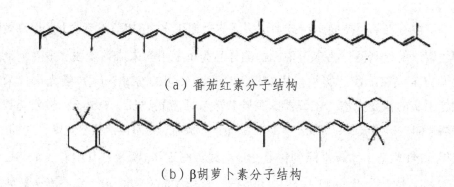

（a）番茄红素分子结构

（b）β胡萝卜素分子结构

图 5-16　番茄红素与β胡萝卜素的分子结构

传统检测植物内类胡萝卜素的方法主要是薄层层析法和高效液相色谱法。这些方法都需要对样品进行复杂的前处理，如将样品进行皂化、萃取、浓缩等操作，这些操作过程不仅会使样品类胡萝卜素损失，还会增加实验成本、耗费实验时间。类胡萝卜素独特的链式结构，并含有大量的C—C键和C＝C键，比较容易引起分子极化率的变化，因此较适合用于光拉曼光谱法进行检测。类胡萝卜素在拉曼位移 $1100 \sim 1200 \text{cm}^{-1}$ 和拉曼位移 $1400 \sim 1600 \text{cm}^{-1}$ 有2个明显的拉曼光谱特征峰，这个特征可用于各种不同组织中类胡萝卜素的鉴别和定量。表5-7列举了近年来基于拉曼光谱技术对不同种类果蔬中类胡萝卜素检测的研究现状。

表 5–7　基于拉曼光谱技术对类胡萝卜素检测现状

检测物	样品	检测结果
胡萝卜素	番茄	通过二次谐波分析含量
类胡萝卜素	龙井 43 叶片	检测限 0.94mg/kg
胡萝卜素	枇杷果实	建立 LS-SVM 定量预测模型
胡萝卜素	胡萝卜	建立多元线性定量回归模型
胡萝卜素	菹草	验证菹草红色素特征峰
番茄红素	番茄	通过二次谐波分析含量

王涛等[①]采用拉曼光谱技术预测活体枇杷果实内β胡萝卜素含量，以高效液相色谱法的检测值作为参考值。检测样品为枇杷果实未成熟阶段、成熟初期阶段及完全成熟阶段。实验采用 Ocean Optics 公司的 QE65pro 拉曼光谱仪采集枇杷果实的拉曼光谱，该仪器的基础参数包括激光波长：785nm；像素总数：1044×64；检测波长：779.3 ～ 1148.1nm；光栅常数：H14；狭缝宽度：50 μm。测得标准β胡萝卜素标准品的拉曼光谱曲线如图 5–17 所示，其中有 3 个特征峰较明显，拉曼位移分别为 $1512.44cm^{-1}$、$1154.19cm^{-1}$ 和 $1003.34cm^{-1}$。类胡萝卜素分子结构的共同特征是具有共轭多烯骨架，区别在于 C—C 共轭双键的数目和末端取代基不同。β胡萝卜素为 9 共轭胡萝卜素，标准β胡萝卜素的拉曼信号包含 3 个特征峰：$1003cm^{-1}$（甲基面内摆动），$1154cm^{-1}$（C—C 对称伸缩振动模式）和 $1520cm^{-1}$ 左右（C—C 对称伸缩振动）。

———————
① 王涛，裴正军，张卫正，等 . 基于拉曼光谱技术的枇杷果实 3- 胡萝卜素含量无损测定研究 [J]. 光谱学与光谱分析，2016，36（11）：3572–3577.

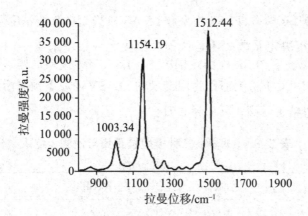

图 5-17 标准β胡萝卜素标准品的拉曼光谱曲线

利用拉曼光谱对样本（尤其是有机或生物样本）进行分析时的一个主要问题就是强烈的荧光背景干扰，使得潜在的拉曼光谱信号非常低。而降低荧光背景干扰的方法主要分为两类：实验方法和化学计量法。前者对样本依赖性大，且成本高昂，因此多选择化学计量法对拉曼光谱进行背景扣除。该研究采用多项式拟合（Polynomial Fitting，PF），PF 是一种非线性拟合工具，对于许多不规则的函数曲线有比较好的拟合效果。当其被应用到拉曼光谱背景扣除中的时候，因为其拟合优劣由多项式的阶数决定，所以需要分析人员人工剔除拉曼光谱中"非对象"谱线，并且选择合适的多项式阶数以确保拟合效果。利用 PF 对截取的可用部分（800.31 ~ 2001.92cm⁻¹）拉曼光谱进行分析，多项式阶数为 5。扣除荧光背景后的枇杷果实拉曼光谱如图 5-18 所示。

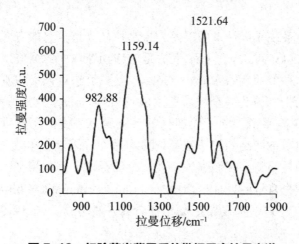

图 5-18 扣除荧光背景后的枇杷果实拉曼光谱

综合对比 MLR 模型、PLSR 模型和 LS-SVM 模型的预测精度可知（表5-8），不论是从校正集决定系数 R_C^2 还是从预测集决定系数 R_P^2 来看，3 种模型中 MLR 模型预测效果最差，PLSR 模型效果次之，LS-SVM 效果最佳。试验表明以高效液相色谱（HPLC）检测值作为因变量的 LS-SVM 模型预测活体枇杷果实内 p 胡萝卜素含量精度最高，其 R_C^2 为 0.91。

表 5-8　β胡萝卜三种模型校正集与预测集结果

模型	MLR	PLSR	LS-SVM
校正集决定系数	0.860	0.940	0.954
交叉验证方根 / μg/g	0.050	0.033	0.036
预测集决定系数	0.679	0.845	0.910
预测误差均方根 / μg/g	0.036	0.022	0.058

杨宇等[1]利用实验室自行搭建的拉曼光谱检测系统，主要包括分辨率为 1024×256 像素的 16 位高性能光电荷耦合器件 CCD 相机、双模态 785nm 激光器、光谱仪及三维平移台等。胡萝卜样品全部是室温销售的新鲜整根胡萝卜，样品包括市售普通胡萝卜、有机胡萝卜和水果胡萝卜等，其中有机胡萝卜和水果胡萝卜样品在销售过程中包裹在保鲜膜内。所有样品用去离子水洗净表面后晾干待用。

为尽量避免系统噪声带来的误差，提高拉曼光谱信息的有效性，首先需要去除噪声。Savitzky-Golay 卷积平滑法是对移动窗口内数据应用多项式进行最小二乘拟合。本研究采用 SaVitzky-Golay5 点平滑法对采集的所有拉曼光谱进行去噪声处理。图 5-19 为一个样品经过 Savitzky-Golay5 点平滑前后的光谱图。Savitzky-Golay5 点平滑去除了大部分的系统噪声，使得光谱曲线较为平滑，并完整保存了胡萝卜样品的特征拉曼位移。另外，胡萝卜样品本身存在较强的荧光背景，影响拉曼特征峰峰强等有效信息的提取，因此将平滑之后的拉曼光谱再进行去除荧光背景的处理。选用 Baseline（Automatic Whittaker Filter）方法去除焚光背景，它是基线校正荧光背景的一种方法。图 5-19 所示 Baseline

① 王涛，裴正军，张卫正，等. 基于拉曼光谱技术的枇杷果实β–胡萝卜素含量无损测定研究 [J]. 光谱学与光谱分析，2016，36（11）：3572–3577.

方法能够完整保留样品原始拉曼光谱里胡萝卜样品的两个拉曼特征峰，并且提高了拉曼光谱特征峰的对比度和辨识度。本研究中所有样品拉曼光谱曲线均先采用 SavitZky–Golay5 点平滑法去噪后再用 Baseline 方法进行去除荧光背景预处理，最后进行平均作为样品的拉曼光谱曲线。

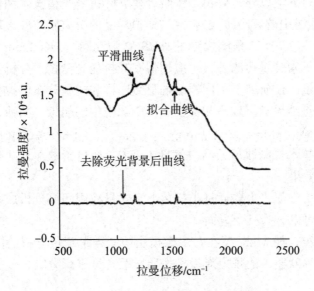

图 5–19　Baseline 方法去除荧光背景

一般活体植物中β胡萝卜素的拉曼光谱信号较为明显，最强的 4 个拉曼特征峰为 1521cm⁻¹、1156cm⁻¹、1005cm⁻¹ 和 964cm⁻¹。其中，1521cm⁻¹ 与β胡萝卜素分子中多烯链的 C=C 键的伸缩振动有关，1156cm⁻¹ 则归因于共轭多烯链振动，1521cm⁻¹ 和 1156cm⁻¹ 处拉曼特征峰与β胡萝卜素分子的分子结构相关，而 1005cm⁻¹ 和 964cm⁻¹ 与β胡萝卜素分子的对称性和电子的分配有关，反映了 CH—基团的弯曲振动程度。因此，以 1521cm⁻¹ 和 1156cm⁻¹ 处拉曼频移作为新鲜胡萝卜中β胡萝卜素分子的拉曼特征峰。

将 16 个样品按 3 : 1 的比例随机划分为校正集和验证集，在 12 个校正集样品中选取β胡萝卜素 1521cm⁻¹ 和 11 560cm⁻¹ 两个特征峰数据，用多元线性回归方法建立了β胡萝卜素含量预测模型，β胡萝卜素二元线性回归模型为 $Y = -7.286 + 0.1283X_1 - 0.0805X_2$，其中 Y 为β胡萝卜素含量，不和而分别为β胡萝卜素 1521cm⁻¹ 和 1156cm⁻¹ 处两个拉曼特征峰的峰强。验证集共 4 个样品，用于验证模型的精确度和适用性。模型校正集和验证集的相关系数 R_C、R_P 分别为

0.9249 和 0.9155，校正集和验证集均方根误差分别为 12.04mg/kg 和 11.47mg/kg。结果表明基于拉曼光谱完全可以实现新鲜胡萝卜中β胡萝卜素含量的检测。

（2）在其他果蔬内部品质中的应用

除了类胡萝卜素以外，Muik[1] 等结合傅立叶拉曼光谱技术和偏最小二乘回归方法，预测橄榄中游离脂肪酸的含量，橄榄样品的游离脂肪酸含量（以油酸计）范围为 0.15% ～ 3.79%，预测模型的 *RMSEP* 为 0.28%。Krahmer[2] 等除了开展果蔬中类胡萝卜素含量检测外，也应用傅立叶拉曼光谱技术分析了辣椒中的胡椒、精油等含量，还研究了不同样品的显微图像和胡椒分布的拉曼映射，拉曼光谱和色谱分析结果具有较高相关性，其中辣椒中的胡椒、精油、胡萝卜素、β-pinene 和柠檬烯的决定系数为 0.82 ～ 0.84。Mohd Ali 等[3] 利用机器视觉及拉曼光谱检测技术检测西瓜的品质信息（SCC、颜色指数）及缺陷情况，获得了良好的检测效果。

在定性分析方面，主要通过类胡萝卜素含量检测间接分析成熟度、糖度、硬度等指标，可以分为三个方面：

①品质分级，如 Muik 等在开展橄榄脂肪酸含量定量分析的同时，还根据欧洲联盟（简称欧盟）的规定对橄榄按脂肪酸含量进行分级，分类的正确率达到80%。

②成熟度辨别，如 López-Sánchez 等[4] 通过获取不同生长阶段橄榄不同部位（果皮、果肉、果核）的拉曼光谱信息，追踪油分的累积过程，研究发现拉曼光谱在拉曼位移 1440cm^{-1} 的频谱特征与果实油含量有很好的相关性，拉曼位移 1525cm^{-1} 和拉曼位移 1605cm^{-1} 处的频谱特征可以用于辨别橄榄生长过程

① Muik B, Bernhard L, Antonio M D, et al. Two-dimensional correlation spectroscopy and multivariate curve resolution for the study of lipid oxidation in edible oils monitored by FTIR and FT-Raman spectroscopy [J]. Analytica Chimica Acta, 2007, 593（1）：54-67.

② Krahmer A, Bottcher C, Rode A, et al. Quantifying biochemical quality parameters in carrots（Dancus carota L.）- FT-Raman spectroscopy as efficient tool for rapid metabolite profiling[J]. Food Chemistry, 2016, 212：495-502.

③ Mohd Ali M, Hashim N, Bejo S K, et al. Rapid and nondestructive techniques for internal and external quality evaluation of watermelons： a review[J]. Scientia Horticulturae, 2017, 225：689-699.

④ López-Sánchez M, Ayora-Canada M J, Molina-Diaz A. Olive fruit growth and ripening as seen by vibrational spectroscopy [J]. Journal of Agricultural and Food Chemistry, 2010, 58（1）：82-87.

中类胡萝卜素和酚类物质的增加及成熟过程中这两种物质的减少。

③缺陷或损伤检测，如 Muik 等结合傅立叶拉曼光谱和模式识别方法鉴别橄榄的不同品质（完好的、有冻伤的、从地上捡起的、发酵的、有疾病的），SIMCA 模型的预测准确率大于92%，橄榄果的有效分选有助于提高橄榄油的品质，其研究还证实橄榄在成熟过程中类胡萝卜素和酚醛含量会增加。

2. 外部品质检测

果蔬外部品质作为对果蔬品质评价的重要组成部分，具有重要的研究价值。已有不少专家学者利用拉曼光谱检测技术对果蔬外部品质检测进行研究。

刘燕德等[①] 分别对两种不同成熟度双孢菇的菌盖拉曼光谱关联其硬度值做了建模研究。首先对不同菌盖直径的蘑菇进行分类，将菌盖直径平均值 2 ～ 3cm 的样品划为 I 类成熟度，3 ～ 5cm 为 II 类，每类均含有 65 个样品。然后用 GY-1 型果实硬度计依次测量双孢菇的硬度值。测量前，转动硬度计表盘，使驱动指针与表盘的第一条刻度线对齐（刻度线 2）。测量时，用硬度计垂直对准于被测菌盖表面，手握硬度计将压头匀速压入果肉 10mm 处停止，记录硬度计的读数。每次测量完后，需对硬度计旋转"回零"旋钮，使指针复位到初始刻度。每个样品按同样的方法重复测量 3 次，最后计算出 3 次测量的平均值作为双孢菇菌盖的硬度值。

接下来对两类蘑菇样品进行拉曼光谱采集。分别采集两种成熟度双孢菇的拉曼光谱，采集时的激光功率为 100mW，激光波长为 785nm，分辨率为 12cm^{-1}，积分时间为 10s，光斑直径约为 0.2mm，光谱图的平滑点数（Passes）为 30，采集的拉曼光谱范围为 200 ～ 3000cm^{-1}。开机后，按下激光开关按钮，打开采集软件，用触摸笔点击自检命令先采集空白背景光谱，之后采集双孢菇光谱。实验中对双孢菇的食用主体菌盖进行光谱采集，每个样品采集 3 次，采集时用便携式光谱仪的激光探头对准并贴紧烘干后的双孢菇菌盖的 3 个不同的位置点进行采集，最后对 3 次光谱数据取平均值。

为了最大限度消除噪声、荧光和其他背景的干扰，提高样品化学成分数学模型的预测能力和稳定性，通常采用标准正态变量变换、基线校正、一阶导数、二阶导数等不同光谱预处理方法。采用几种方法预处理后，结合 PLS 建立定量分析模型，从中分析确定最优的光谱预处理方法，并比较 PLS 建模算法建立的拉曼光谱与双孢菇密度之间的预测模型，对模型的预测效果进行评价。

---

① 刘燕德，谢庆华，王海阳，等. 不同成熟度双孢菇硬度的拉曼光谱无损检测 [J]. 发光学报，2016，37（9）：1135-1141.

本节采取光谱数据交叉验证法选取最佳主因子数，见图 5-20。图中显示：当主因子数为 6 时，I 类 [图 5-20（a）] 蘑菇光谱数据的交叉验证均方根误差最小，即为最好预测模型；当主因子数为 5 时，II 类 [图 5-20（b）] 光谱的交叉验证均方根误差最小，模型最好。

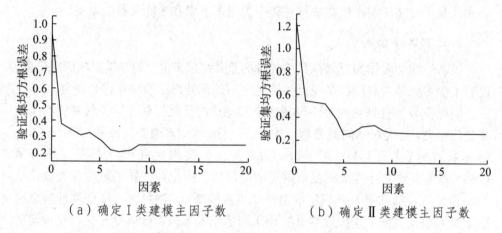

（a）确定 I 类建模主因子数　　　　　（b）确定 II 类建模主因子数

图 5-20　两类建模主因子数的确定

使用 4 种不同预处理方法处理光谱后，对光谱数据进行 PLS 建模分析，比较 4 种预处理方法的效果。比较建模的相关系数（R_P、R_C）及均方根误差（$RMSEP$、$RMSEC$），$RMSEP$ 和 $RMSEC$ 越接近，且相关系数越高，均方根误差越小，建模效果就越好。将两类样品分别建模，每类的 65 个光谱数据分为 39 个校正集和 26 个预测集（随机选取），用 PLS 建立拉曼光谱与硬度的定量分析模型。不同预处理数据建模结果见表 5-9 和表 5-10。

表 5-9　I 类不同预处理光谱 PLS 建模结果对比

预处理方法		原始光谱	一阶导数	二阶导数	标准正态	变量变换	基线校准
因子数		7	6	6	7		7
校正集	R_C	0.925	0.955	0.846	0.947		0.925
	$RMSEC$	0.345	0.268	0.484	0.322		0.344
预测集	R_P	0.885	0.887	0.808	0.868		0.884
	$RMSEP$	0.447	0.444	0.585	0.452		0.447

表 5-10　Ⅱ类不同预处理光谱 PLS 建模结果对比

预处理方法		原始光谱	一阶导数	二阶导数	标准正态	变量变换	基线校准
因子数		13	5	5		14	12
校正集	R_C	0.995	0.925	0.980		0.996	0.994
	RMSEC	0.076	0.338	0.177		0.087	0.090
预测集	R_P	0.864	0.896	0.834		0.868	0.874
	RMSEP	0.543	0.435	0.521		0.535	0.458

　　光谱数据经过一阶导预处理后，剔除几个残差较大的样本后，建立的数学模型的效果最佳。此时Ⅰ类的预测集相关系数R_P为 0.877，R_P为 0.444，校正集分别为 0.955 和 0.268。预测集的 5-21（a）所示。Ⅱ类的预测集相关系数为 0.896，RMSEP25 和 0.338。预测集的 PLS 模型拟合曲线如图 5-21（b）所示。

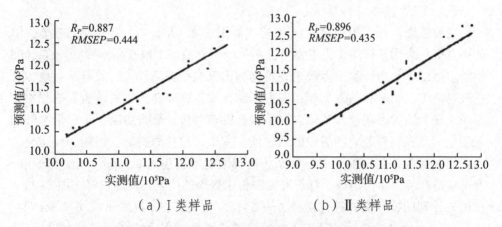

（a）Ⅰ类样品　　　　　　　（b）Ⅱ类样品

图 5-21　两类样品一阶导建模预测集的真实值与预测值拟合曲线

　　分别采集两类蘑菇的便携式拉曼光谱，比较两类原始光谱和 4 种不同预处理后的光谱，发现两类的原始光谱很相似，4 种方法预处理后的光谱也只是稍有不同，说明单从拉曼光谱来分析难以判别两类蘑菇的成熟度及其菌盖硬度。对光谱数据与硬度值建立 PLS 模型发现，Ⅱ类双孢菇的预测效果在同等条件下优于Ⅰ类。初步分析，这种结果的原因是Ⅱ类比Ⅰ类成熟度高，菌体内的水分、蛋白质、多糖果胶等物质的含量趋于稳定，变化小，从而硬度呈现规律性变化。

两类蘑菇数据在 4 种不同预处理方法下的 PLS 建模效果均是一阶导方法最佳，但是Ⅰ类建模的预测集相关系数和均方根误差与Ⅱ类的有差异，Ⅰ类的预测集相关系数（0.887）小于Ⅱ类（0.896），预测集均方根误差（0.444）大于Ⅱ类（0.435）。这说明Ⅱ类成熟度蘑菇的硬度预测比Ⅰ类准确。在同等条件下，Ⅱ类蘑菇硬度的变化更可预测，人们对蘑菇的储藏更有规律可循，所以应尽量采集菌盖直径在 3 ～ 5cm 的双孢菇进行生产加工和销售食用。

5.3　拉曼光谱有害物质检测

5.3.1　食品有害物质检测

1. 奶粉有害物质检测

（1）三聚氰胺

三聚氰胺，分子为 $C_3H_6N_6$（结构式如图 5-22 所示），是一种三嗪类含氮杂环有机化合物，被用作化工原料，不可用于食品加工或食品添加物。在 2008 年由卫生部（现为国家卫生健康委员会和国家医疗保障局）、农业部（现为农业农村部）、工业和信息化部、国家工商行政管理局和国家质量监督检验检疫总局（现为国家市场监督管理总局）联合发布公告，公告中制定了三聚氰胺的毒性作用及在饲料和乳制品中的限定值，其中，包括原料乳、奶粉、液态奶、含乳类食品等，规定配方内三聚氰胺检测浓度不得超过 2.5ppm，超过 2.5ppm 为不合格产品，不得销售。对三聚氰胺粉末测得的拉曼光谱图谱峰（图 5-23）和理论计算的拉曼谱峰进行对照（表 5-11）发现，在 377.9cm^{-1}、676.8cm^{-1}、984.6cm^{-1}、1441cm^{-1}、1554cm^{-1} 处的拉曼峰都为三嗪类化合物的拉曼峰。通常认为由环面内变形引起的在 676.8cm^{-1} 处的峰和环呼吸振动引起的 984.6cm^{-1} 处拉曼峰为三聚氰胺的特征峰。

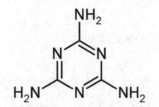

图 5-22　三聚氰胺分子结构式

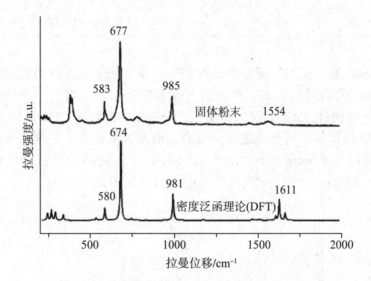

图 5-23　三聚氰胺实际拉曼光谱特征及理论拉曼光谱特征

表 5-11　三聚氰胺固体粉末和理论计算的拉曼特征峰及归属

实测拉曼特征峰 /cm⁻¹	理论拉曼特征峰 /cm⁻¹	拉曼特征峰归属
220	238	—
234	262	H—N—H 面外摇摆
251	286	—
378	334	H—N—C—H 面内摇摆
583	580	C—N—C 弯曲及 N—C—N 弯曲
677	674	环呼吸振动

续　表

实测拉曼特征峰 /cm⁻¹	理论拉曼特征峰 /cm⁻¹	拉曼特征峰归属
780	738	C—N—C 面外扭曲
985	981	C—N—C 弯曲
1441	1452	H—N—H 摇摆 +C—N 伸缩 +H—N—C—N 摇摆
1554	1611	H—N—H 摇摆 +C—N 伸缩

Okazaki 等[1]利用拉曼光谱检测购于日本市场上的 5 种奶粉中的三聚氰胺和硫酸三聚氰胺的含量，而硫酸三聚氰胺是三聚氰胺的一种硫酸盐，亦常用作奶粉的违法添加物，研究发现硫酸三聚氰胺的拉曼特征光谱与三聚氰胺的特征光谱并不是完全重合，而是有所偏差，三聚氰胺的特征峰值为 583cm⁻¹、676cm⁻¹、985cm⁻¹、3126cm⁻¹、而硫酸三聚氰胺的特征峰为 573cm⁻¹、689cm⁻¹、979cm⁻¹、3130cm⁻¹，具体如图 5-24 所示。

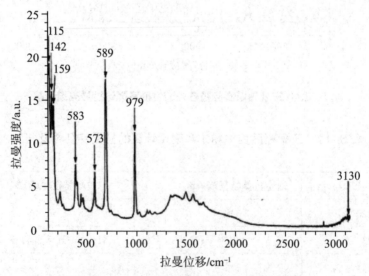

图 5-24　硫酸三聚氰胺的拉 # 光谱特征峰

---

① Okazaki S, Hiramatsu M, Gonmori K, et al. Rapid nondestructive screening for melamine in dried milk by Raman spectroscopy [J]. Forensic Toxicology, 2009, 27（2）: 94-97.

　　Okazaki 等向奶粉中添加 10%、3%、1%、0.3%、0.1%、0%6 种不同比例的三聚氰胺，得到的拉曼光谱如图 5-25 所示，由图中数据可知，0%、0.1%、0.3%3 个浓度光谱数据无明显区别，因此该法的检测限为 1%。

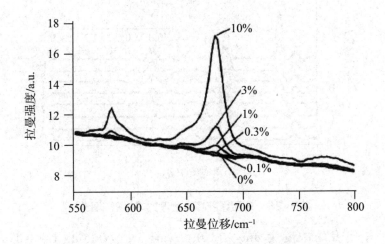

图 5-25　奶粉中添加不同比例的三聚氰胺拉曼光谱

　　通常，普通的拉曼光谱对三聚氰胺的检测限难以达到或接近国标标准规定，因此表面增强、样品提取浓缩等方式普遍被采用来降低检测限。陈小曼等[①] 利用便携式拉曼光谱仪建立了固相萃取 – 表面增强拉曼光谱法（SPE-SERS）测定奶粉中三聚氰胺的分析方法。待测物经乙腈提取、活性炭吸附及氢氧化钠溶液洗脱、以氯化钠溶液作为团聚剂进行 SERS 检测。配制浓度分别为 0.005mg/L、0.025mg/L、0.10mg/L、0.40mg/L、0.80mg/L、1.2mg/L、1.6mg/L 的系列三聚氰胺标准溶液，其 SERS 图谱如图 5-26 所示，与增强前的信号有所偏移，其在优化条件下以 1432cm^{-1} 处特征峰峰面积（Y）对应标准溶液浓度（X, mg/L）绘制标准曲线。结果如图 5-26（右上）所示，三聚氰胺在 0.005 ～ 1.6mg/L 浓度范围内具有良好的线性关系，线性方程为 $Y = 5.774 \times 10^4 X + 1.487 \times 10^4$。

①　陈小曼，雷皓宇，胡玉玲，等. 固相萃取 – 表面增强拉曼光谱法测定奶粉中三聚氰胺 [J]. 分析测试学报，2016，35（10）：1343-1346.

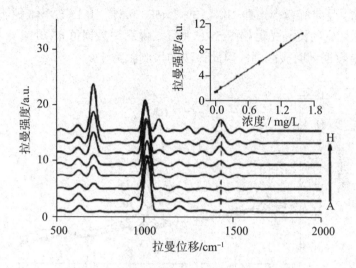

图 5-26　三聚氰胺标准溶液的 SERS 图谱

A～H 代表的浓度为 0mg/L，0.005mg/L，0.025mg/L，0.10mg/L，0.40mg/L，0.80mg/L，1.2mg/L，1.6mg/L。

该方法的线性范围为 0.005 ～ 1.6mg/L，检出限为 0.100mg/kg，回收率为 75.3% ～ 125%，相对标准偏差（RSD，n =5）不大于 9.3%。选取三聚氰胺标准奶粉进行 SERS 分析，三聚氰胺检测值为 17.5mg/kg，相对标准偏差（RSD）为 5.2%，三聚氰胺分析的拉曼图谱如图 5-27 所示。

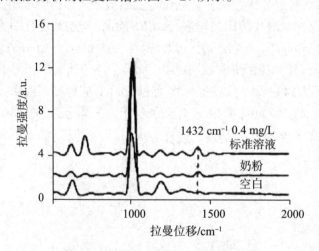

图 5-27　奶粉中三聚氰胺拉曼光谱图

然而，随着三鹿奶粉中非法添加三聚氰胺事件的曝光，部分乳制品厂商将非法添加物由三聚氰胺改用二聚氰胺。无论是三聚氰胺还是二聚氰胺，人体若长期摄入均会造成累积性毒害。雷皓宇等[①]以15%三氯乙酸溶液为溶剂，分别配制2mg/L三聚氰胺标准溶液、4mg/L二聚氰胺标准溶液、2mg/L三聚氰胺和4mg/L二聚氰胺混合标准溶液进行SERS检测，实验结果如图5-28所示。

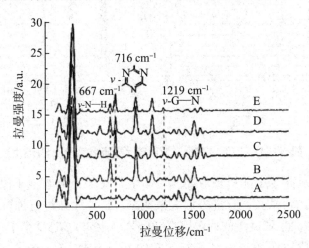

图5-28 二聚氰胺、三聚氰胺混合标准溶液及加标奶粉样品的表面增强拉曼光谱图谱

图5-28中，A：空白SERS拉曼光谱；B：2.5mg/L二聚氰胺标准溶液；C：0.02mg/L三聚氰胺标准溶液；D：2.5mg/L的二聚氰胺和0.02mg/L三聚氰胺混合标准溶液；E：奶粉添加100mg/kg的二聚氰胺和1.00mg/L三聚氰胺标准溶液。

在优化条件下，以716cm^{-1}处拉曼峰面积对应标准溶液浓度绘制三聚氰胺的标准曲线，实验结果如图5-29（a）所示：三聚氰胺在0.005～0.075mg/L浓度范围内，线性相关系数R^2=0.9988，方法检出限（LOD，S/N=3）为0.0015mg/L，定量限（LOQ，S/N=10）为0.0050 mg/L。以667cm^{-1}处特征峰峰面积对应标准溶液浓度绘制二聚氰胺的标准曲线，结果如图5-29（b）所示：二聚氰胺在0.5～10 mg/g浓度范围内，线性相关系数R^2=0.9966，LOD（S/N=3）为0.15 mg/L，LOQ（S/N=10）为0.50 mg/L。

---

① 雷皓宇，陈小曼，李攻科，等.表面增强拉曼光谱法同时检测奶粉中三聚氰胺和二聚氰胺[J].分析科学学报，2017，33（3）：312-316.

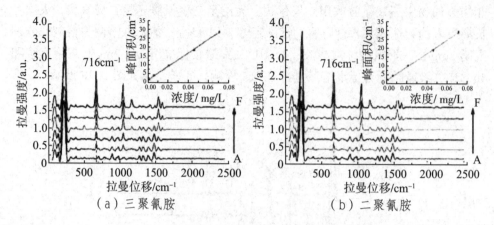

（a）三聚氰胺　　　　　　　　（b）二聚氰胺

图 5-29　三聚氰胺及二聚氰胺系列标准溶液 SERS 图

雷皓宇等从商场中随机抽取婴儿、学生、女士、中老年 4 种奶粉，未检测到三聚氰胺和二聚氰胺，分别添加三聚氰胺、二聚氰胺进行加标回收率实验。结果见表 5-12，三聚氰胺的回收率在 79.5% ～ 124%，*RSD* 小于 8.8%（*n*=5）；二聚氰胺的回收率在 76.5% ～ 112%，*RSD* 小于 9.4%（*n*=5）；表明该方法准确可靠。

表 5-12　奶粉中三聚氰胺、二聚氰胺添加回收实验结果

奶粉分类	三聚氰胺				二聚氰胺			
	添加量/mg/kg	检测量/mg/kg	回收率/%	*RSD*/%，=5	添加量/mg/kg	检测量/mg/kg	回收率/%	*RSD*/%，=5
学生奶粉	0.5	0.427	85.4	8.8	40.0	35.0	87.4	8.2
	1.0	0.795	79.5	5.6	80.0	61.5	76.9	6.4
	2.0	1.97	98.5	6.1	120.0	134.0	112.0	5.9
中老年奶粉	0.5	0.62	124.0	6.5	40.0	41.2	103.0	7.5
	1.0	1.02	102.0	7.5	80.0	78.6	98.2	6.4
	2.0	1.96	98.1	1.2	120.0	125.0	104.0	7.8
女士奶粉	0.5	0.431	86.2	2.3	40.0	33.3	83.3	3.6
	1.0	0.995	99.5	4.2	80.0	61.2	76.5	7.7
	2.0	2.20	110.0	4.4	120.0	108.0	89.6	9.4
婴儿奶粉	0.5	0.62	124.0	6.5	40.0	35.0	87.5	7.3
	1.0	1.02	102.0	7.5	80.0	79.3	99.1	6.9
	2.0	1.96	98.1	1.2	120.0	106.0	88.4	2.1

（2）硫氰酸盐

原料乳或奶粉中掺入硫氰酸钠（分子式为 NaSCN）后可有效地抑菌、保鲜，是不法奶户的掺假物质之一。但硫氰酸钠是毒害品，少量的食入就会对人体造成极大伤害。2008 年 12 月 12 日原卫生部发布的《食品中可能违法添加的非食用物质和易滥用的食品添加剂品种名单（第一批）》中明确规定乳及乳制品中硫氰酸钠属于违法添加物质。硫氰酸钠中不同原子键引起的振动见表 5-13 所列，对比得到拉曼光谱图（图 5-30），在 480.8cm^{-1} 的弱峰为硫氰酸根（SCN$^-$）的弯曲振动引起的，756.9cm^{-1} 的强峰是 C—S 的伸缩振动引起的，2069cm^{-1} 的强峰是 C≡N 的伸缩振动引起的。由于原子之间的影响在硫氰酸根弯曲振动和C—S 的伸缩振动引起的拉曼频移与表中给出的范围有一定出入。

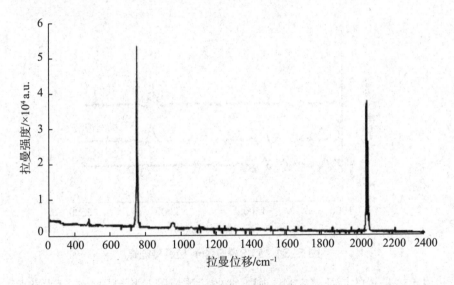

图 5-30 硫氰酸钠拉曼特征光谱

表 5-13 硫氰酸钠拉曼特征归属

拉曼位移 /cm^{-1}	400 ~ 405	570 ~ 710	2060 ~ 2175
拉曼峰归属	—SCN 的弯曲变形	C—S 伸缩	C≡N 伸缩

陈小曼等建立了奶粉中 SCN$^-$ 的表面增强拉曼光谱分析法，并与离子色谱法结果进行对比分析。配制 0.10 ~ 0.60mg/L 的 SCN$^-$ 系列标准溶液，在优化实验条件下，以 2110cm^{-1} 处谱峰为定量峰进行 SERS 分析，如图

5-31 所示，2110cm^{-1} 附近空白奶粉样品无干扰峰。结果表明，SERS 峰面积和 SCN$^-$ 浓度在 0.10 ～ 0.60mg/L 呈现良好的线性关系，工作曲线方程为 $Y=6.104\times10^4 X+2.322\times10^4$，相关系数 R^2=0.9933，检出限为 0.05mg/L。在优化条件下，SERS 法的线性范围为 0.10 ～ 0.60mg/L，检出限为 0.05mg/L，方法回收率在 70.5% ～ 109%，RSD 小于 9.8%。分别采用 SERS 法与离子色谱法对比分析了 35 种不同市售奶粉中的 SCN$^-$ 含量。随机抽取 35 种市售不同奶粉（其中，婴幼儿奶粉 15 种、中老年奶粉 4 种、孕妇奶粉 8 种和儿童奶粉 8 种）进行 SCN$^-$ 的 SERS 分析。结果表明，35 种奶粉中，有 24 种奶粉中 SCN$^-$ 含量高于 10.0mg/kg，7 种奶粉的 SCN$^-$ 含量高于 25.0mg/kg。

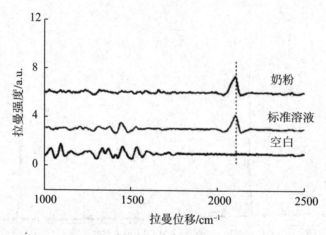

图 5-31　奶粉中 SCN$^-$ 拉曼特征峰

以不同位置的特征峰定量，则方法的检测范围及检测限会有巨大差距。杨青青[①] 配置了不同浓度的硫氰酸盐标准溶液，在优化的实验条件下测定其 SERS 图谱，以 445cm^{-1} 处的峰面积作为基准进行定量分析。结果表明，445cm^{-1} 处的峰面积与硫氰酸盐标准溶液浓度范围在 2 ～ 190.4mg/L 呈较好的线性关系，相关系数 R^2 为 0.999，检出限为 0.49mg/L，定量限为 1.63mg/L，加标回收率样品的回收率在 95.15% ～ 100.47%，RSD 值效率为 4.8%。

普通的点激光拉曼光谱仍然只能测得一个点或者多个点的硫氰酸钠检测结果，而如果考虑硫氰酸钠分布的不均匀性，则需要利用拉曼高光谱方法进

---

① 杨青青.表面增强拉曼光谱法在硫氰酸盐、三聚氰胺和亚硝酸盐测定中的应用 [D]. 吉林大学论文，2016.

行检测。刘宸等 [①] 利用拉曼高光谱系统探索拉曼高光谱图像与硫氰酸钠颗粒之间的关系，用于实现大面积奶粉混合样品的快速无损检测。刘宸等制备了10 种不同浓度的硫氰酸钠奶粉混合样品并采集了拉曼高光谱图像，通过高斯窗平滑法和 airPLS 基线校正方法对拉曼光谱进行了预处理。预处理后提取 2068.48cm^{-1} 位移处的单波段图像进行分析，结合二值图像最终获得了样品中硫氰酸钠颗粒的含量及空间分布。结果显示，在 2068.48cm^{-1} 单波段图像中，感兴趣区域内所有像素点的拉曼强度平均值随着硫氰酸钠含量的增加呈线性增长，其决定系数 R^2 达到了 0.9930。二值图像中，感兴趣区域内所有硫氰酸钠检测点之和呈指数增长趋势。在本试验方法中，单次检测奶粉样品的总面积达到 80mm×80mm，检测时不接触、不破坏样品，无须借助化学试剂。奶粉混合样品中硫氰酸钠含量的检测限可达 0.01%。

　　刘宸等同时进行了系统的穿透深度检测，结果如图 5-32 所示。发现奶粉层厚度为 0mm 时硫氰酸钠拉曼信号最强，随着奶粉层厚度增加，硫氰酸钠的几个特征峰强度值逐渐减小。当奶粉层厚度达到 2.4mm 时，474.88cm^{-1} 和 953.00cm^{-1} 处的弱峰已无法检测到；当奶粉层厚度增加到 4.0mm 时，硫氰酸钠的几个特征峰均已消失。若以 2068.48cm^{-1} 处最强峰为判断依据，本试验参数下硫氰酸钠纯物质产生的拉曼信号能够穿透 3.2mm 厚的脱脂奶粉层。

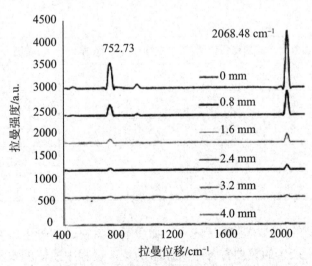

图 5-32　不同厚度奶粉层样品的平均光谱图

①　刘宸，杨桂燕，王庆艳，等 . 基于线扫描拉曼高光谱系统的奶粉中硫氰酸钠无损检测研究 [J]. 食品科学，2018，（12）：1-7.

2. 酒有害物质检测

酒中存在的有害物质，一是人为非法添加的各种添加剂；二是农药残留，主要是酿酒所用原料作物在生长过程中如过多施用农药，毒物会残留在种子或块根中；三是在蒸煮、糖化、发酵及蒸馏一系列生产过程中产生的副产物包括醇类、酚类和酸类等，除此之外还有发酵设备所残留的重金属等。例如，氨基甲酸乙酯（Ethyl Carbamate，EC）是发酵食品（如酸奶、面包、乳酪等）和酒精饮料在发酵、加热（如蒸馏）和储存过程中产生的一种副产物，具有基因毒性和致癌性的物质。随后不断出现关于在酒饮料中检测到氨基甲酸乙酯的报道，随着人们的广泛关注，世界卫生组织规定了发酵食品中氨基甲酸乙酯的限量标准。1985 年，加拿大卫生福利部率先规定了酒精饮料中 EC 的限量标准，随后欧美等发达地区和国家也相继提出了各种酒类中 EC 的限量标准，其标准见表5-14。随着我国人民生活水平的提高，酒饮料的消费量日趋上升，尤其是白酒、黄酒、米酒、啤酒等营养丰富的含酒精饮料更是人们消费的热点，因此制定氨基甲酸乙酯限量标准势在必行，而检测手段的发展对于食品安全起着重要作用。目前这类物质主要通过质谱法和色谱法检测，少量使用无损检测方法进行研究。

表 5-14　酒精饮料中氨基甲酸乙酯的限量标准

（单位：μg /L）

国家	加拿大	捷克共和国	法国	德国	美国	瑞士
葡萄酒	30	30			15	
加烈葡萄酒	100	100			60	
蒸馏酒	150	150	150			
清酒	200	200				
水果白兰地	400	400	1000	800		1000

用于生产酒的原料中所携带的有害物质不容忽视，如野生原料水解易产生的氰化物、霉变产生的黄曲霉毒素及原料的生产过程中残留的农药等，积累过量对人体健康具有更大的威胁。

葡萄酒是一种营养丰富的低度发酵饮料，其营养成分多，适量饮用葡萄酒对身体健康非常有益。但由于葡萄酒的色泽和口感特点，常常被添加对人体有害的食品添加剂。按照《食品添加剂使用卫生标准》及《中国葡萄酿酒技术规范》

的规定，葡萄酒中不得添加所规定的防腐剂、甜味剂及着色剂，而不法商贩为获取高额利润，使用苋菜红、甜蜜素及其他配料等勾兑生产劣质葡萄酒。赵亚华[①]通过检测葡萄酒中8种添加剂（苋菜红、胭脂红、柠檬黄、日落黄、亮蓝、苯甲酸、山梨酸、糖精钠）含量，得出总检出率高达45.45%，表明葡萄酒中加添加剂相当普遍，并且一般同时添加几种添加剂。

关于葡萄酒中的非法添加监管监控，缺乏一种快速检测食品添加剂的方法，研究者们对此展开研究。杨昌彪等[②]采用近红外光谱技术与表面增强拉曼光谱技术对葡萄酒中常用的食品非法添加剂苋菜红定性检测，如图5-33所示，苋菜红的拉曼特征峰主要在1346cm⁻¹（±3cm⁻¹）、1364cm⁻¹（±3cm⁻¹）、1573cm⁻¹（±3cm⁻¹），而含有苋菜红的光谱在这3个特征峰附近都有明显的峰，根据此特征，将样品光谱与苋菜红标准物质进行对比，可以快速判断出红酒中是否添加苋菜红。

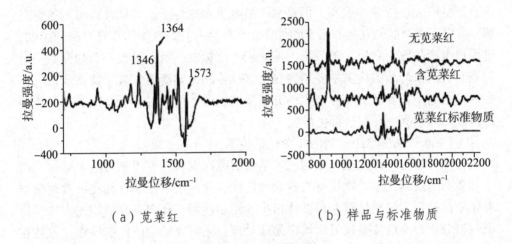

（a）苋菜红　　　　　　　　　（b）样品与标准物质

图 5-33　样品拉曼光谱

除葡萄酒之外，白酒中经常被非法过量添加甜味剂。糖精钠（邻苯甲酰磺酰亚胺钠二水合物），其甜度是蔗糖的500倍，稳定性较好，成本低。我国《食品添加剂使用标准》（GB 2760—2011）中明确规定了其最大使用量，但仍常

---

① 赵亚华.葡萄酒中八种添加剂的检测结果分析 [J].安徽预防医学杂志，2002，（2）：79-81

② 杨昌彪，宋光林，包娜，等.近红外光谱与表面增强拉曼光谱对红酒中非法添加剂苋菜红的分析研究 [J].食品科技，2014，（6）：294-298.

有过量添加且不标注成分的情况发生。糖精钠在人体内不能被消化吸收，如在机体中过量蓄积，易引发癌症。陈思等 [1] 采用表面增强拉曼光谱技术快速分析白酒中甜味剂糖精钠，通过定性分析白酒中糖精钠的 3 个特征峰为 1148cm^{-1}、1164cm^{-1} 和 1296cm^{-1}，以特征峰 1164cm^{-1} 的峰强度与白酒中糖精钠浓度建立线性方程，R^2 决定系数为 0.99，方法回收率在 98.57% ～ 102.5%，此方法分析白酒中糖精钠的最低检出浓度可达到 1mg/L，研究表明，采用表面增强拉曼光谱方法可为实时快速检测白酒中甜味剂提供方法支持。

5.3.2 食品有害物质检测

1. 水产品品质的拉曼光谱检测

鱼、虾、蟹、贝等水产品以其低脂肪、低胆固醇、营养丰富、味道鲜美等优点深受广大消费者的欢迎，但是水产品本身水分含量大并且含有丰富的蛋白质，所以在水产品的存储、运输和加中，十分容易受到微生物和自身酶的影响，进而使水产品发生变质，若品质不能达到一定标准，就会导致一系列食品安全问题。目前水产品的检测主要集中在安全性检测，如渔药等有害物质残留。拉曼光谱是基于拉曼散射效应产生的分子振动光谱，可以对分子结构进行分析，在食品品质检测中具有独特优势。

（1）水产品中禁用药物的拉曼光谱检测

孔雀石绿为一种人工合成的三苯甲烷类碱性染料，可用于防治水霉病，由于孔雀石绿及其代谢产物均有毒性和致癌性，我国已明令禁止其在可食用鱼类养殖中的应用，仅允许其在观赏性鱼类养殖中使用。孔雀石绿的检测方法多借助色谱分析，不仅需要长时间的样品前处理，还需要复杂的仪器操作，虽然在准确性上可以满足要求，但是对于快速筛选大批量鱼肉孔雀石绿及其代谢物并不适用。

顾振华等 [2] 利用便携式拉曼光谱仪对水产品中孔雀石绿的快速测定进行了研究。如图 5-34 所示，孔雀石绿的拉曼光谱特征峰位于 432 ～ 437cm^{-1}、1166 ～ 1170cm^{-1}、1613 ～ 1617cm^{-1}，对孔雀石绿进行定性及半定量的快速测定，

---

[1] 陈思，郭平，骆鹏杰，等. 拉曼光谱法快速检测硬糖中的诱惑红 [J]. 食品与机械，2016，（4）：76-79.

[2] 顾振华，赵宇翔，吴卫平，等. 表面增强拉曼光谱法快速检测水产品中的孔雀石绿 [J]. 化学世界，2011，52（1）：14-16.

检测限为 5.0 μg/L，常见含氮化合物尿素、亚硝酸钠及零售环节所用海水晶等物质对本快速测定方法无干扰。对每个样品的检测时间从样品制备到结果显示一般只需 3min。

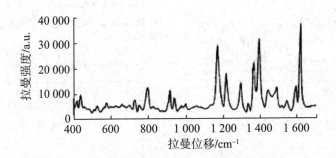

图 5-34　孔雀石绿的拉曼光谱图

余婉松[①] 利用基于 Au 溶胶的表面增强拉曼散射检测 6 种鱼中孔雀石绿及其代谢产物，图 5-35 为不同鱼肉提取空白液中添加孔雀石绿的 SERS 检测光谱，结合不同鱼肉中蛋白质、脂肪和水分含量可知，单一某种成分的含量并不能直接影响 SERS 灵敏度，因此是由所有组成成分共同影响 SERS 的增强效果。包括罗非鱼在内的 7 种鱼的最低检测浓度范围在 1 ～ 10ng/g，其中罗非鱼和花鲢为 1ng/g，草鱼和乌鳢为 2ng/g，鲫鱼为 5ng/g，鳊鱼和鲳鱼为 10ng/g。该实验的前处理方法同样适用于其他鱼肉的 SERS 分析。

结晶紫属于三苯甲烷类染料，对鱼类的水霉病、寄生虫病等有很好的疗效，长期以来许多国家曾将其作为水产养殖业的杀菌剂。它们在鱼体内可分别代谢为无色孔雀石绿和无色结晶紫，由于其母体化合物和代谢物具有潜在的致癌、致畸、致突变等副作用，20 世纪 90 年代以来许多国家都将其列为水产养殖的禁用药物。但是由于其抗菌效果好、价格便宜，部分养殖仍在违规使用，因此对结晶紫的检测就显得格外重要。

---

① 余婉松. 基于金属溶胶表面增强拉曼光谱技术检测饲料及水产品中呋喃唑酮和孔雀石绿的研究 [D]. 上海海洋大学论文，2015.

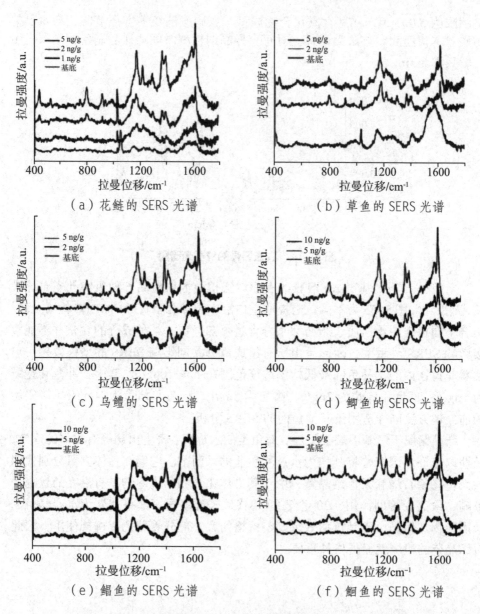

图 5-35　不同鱼肉中添加不同浓度孔雀石绿的 SERS 光谱

　　林翔[1] 对鱼中结晶紫的残留进行了检测研究，使用表面活性剂替换方法将

---

[1]　林翔 .SERS 基底的制备及其用于食品中污染物的快速检测 [D]. 哈尔滨工业大学论文，2016.

金纳米棒表面的溴化十六烷三甲基铵（Cetyl Trimethyl Ammonium Bromide，CTAB）替换为柠檬酸根，并用凝胶捕获技术将单层纳米棒阵列转移到聚二甲基硅氧烷（Polydimethylsiloxane，PDMS）膜上来制备具有特殊三维结构（内方外圆）的 SERS 基底。这种基底可以即时定量地检测水体中的结晶紫，检测限可以达到 0.14ppm。同时，将 PDMS 基底覆盖在鱼鳞上可以直接检测其表面残留的结晶紫。采集不同浓度结晶紫水溶液的 SERS 光谱，如图 5-36 所示，当结晶紫的浓度低至 10ppm 时，仍然可以检测到其拉曼特征峰。这一基底可应用于水体中和非平整表面上污染物的现场定量检测，具有出色的简便性和可靠性。

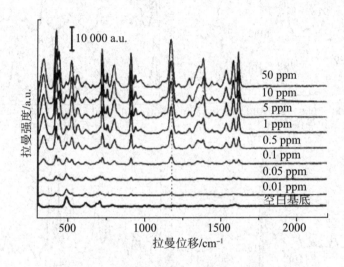

图 5-36　不同浓度结晶紫水溶液的 SERS 光谱

（2）水产品中抗生素的拉曼光谱检测

李春颖等[①]应用表面增强拉曼光谱技术，结合化学计量学方法对水产品中常被检出的禁用或限用药物，包括孔雀石绿（0.5～50 μg/L）、结晶紫（5～100 μg/L）、氯霉素（50～5.0×10³ μg/L）和磺胺甲基嘧啶（500～5.0×10³ μg/L）进行检测，图 5-37 为 4 种药物的表面增强拉曼散射光谱图。采用偏最小二乘回归法对光谱进行分析处理，建立定量分析模型，结果见表 5-14 所列，表明运用 SERS 技术对染料类渔药孔雀石绿和结晶紫的分析效果较好，对于其标准溶液的最低检测浓度分别为 0.8 μg/L 和 10 μg/L；对抗

① 李春颖，赖克强，张源园，等. 表面增强拉曼光谱检测鱼肉中禁用和限用药物研究 [J]. 化学学报，2013，71（2）：86–91.

生素药物氯霉素和磺胺甲基嘧啶的最低检测浓度分别为 50 μg/L 和 500 μg/L。4 种药物的偏最小二乘回归模型的预测值与实际值的相关系数为 0.865 ~ 0.954。运用 SERS 技术最低能检测到鱼肉中孔雀石绿和结晶紫的含量分别为 1.0 μg/kg 和 20 μg/kg，结果表明利用拉曼光谱技术可以实现对食品中微量药物残留的检测。

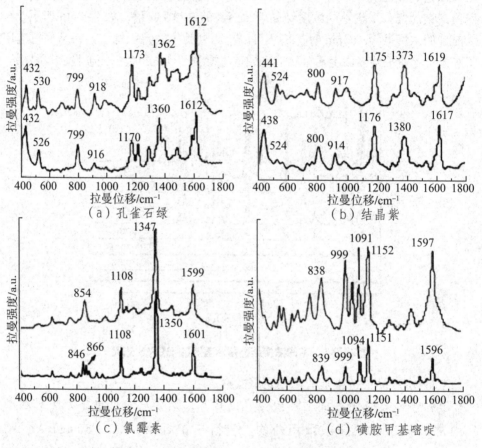

图 5-37　SER 光谱图（上）和常规拉曼光谱图（下）

表 5-15　运用 SERS 对被测渔药标准溶液的最低检测浓度及 PLSR 分析结果

被检物	孔雀石绿	结晶紫	氯霉素	磺胺甲基嘧啶
最低检测浓度 / μg/L	0.8	10	50	500

续　表

被检物		孔雀石绿	结晶紫	氯霉素	磺胺甲基嘧啶
PLSR 模型结果	浓度范围 / μg/L	0.5 ~ 50	10 ~ 100	50 ~ 5.0×10³	500 ~ 5.0×10³
	样品数	80	80	40	35
	RPD	4.58	2.72	4.64	4.46
	R^2	0.952	0.865	0.954	0.950

2. 茶叶中有害添加物检测

茶叶颜色的好坏通常是人们辨别茶叶优劣的主要指标。近年来，媒体多次报道了相关商家向茶叶中非法添加美术绿的行为。美术绿又名铅铬绿，主要是由铅铬黄和酞菁蓝组成，含有大量铬、铅等重金属，可对人的神经、肝脏、肾脏造成巨大的伤害。有关于绿茶制作的国家标准明确指出，茶叶不得着色，并且在我国的《食品中可能违法添加的非食用物质和易滥用的食品添加剂名单（第一批）》中就包含了工业原料中的美术绿。然而，美术绿是一种混合物，无法从特定的化学物质含量上定性或者定量去分析。目前对于茶叶中的美术绿，主要通过检测其中的铅元素或者铬元素来判断美术绿存在与否，不利于相关部门对市场的监控。为了保障人们在购买及饮用茶叶时的健康，为执法者提供相应的依据，迫切需要一种对茶叶中的美术绿进行快速检测的方法，而拉曼光谱技术作为一种可准确鉴别相应化学键和官能团的检测手法，可用于对茶叶中美术绿的检测。

李晓丽等[1]利用共聚焦拉曼光谱技术实现了对茶叶中非法添加美术绿的检测。由于采集到的拉曼光谱原始数据会受到样品间折射率差异、背景噪声及样品自吸收的影响，因此采用全波段积分强度对样品的拉曼光谱进行校正，用于找出与待测浓度成正比的相对特征拉曼峰。其校正的具体步骤：对每个样品的光谱在全波段范围内进行积分操作并以此作为强度的基准，再将每个拉曼位移处的光谱强度与强度基准的比值作为后续的分析依据。在选择特征拉曼位移的过程中，融合了无信息变量消除法、竞争性自适应重加权算法、反向间隔偏最

---

① 李晓丽，周瑞清，孙婵骏，等. 基于共聚焦拉曼光谱技术检测茶叶中非法添加美术绿的研究 [J]. 光谱学与光谱分析，2017，37（2）：461-466.

小二乘和连续投影算法 4 种方法进行拉曼光谱中对美术绿特征拉曼位移的筛选分析。

为了更好地表征茶叶中的美术绿信号，采集了美术绿标准品的拉曼光谱，并与未添加美术绿的茶叶样品及添加了美术绿的茶叶样品的拉曼信号进行了比较。图 5-38 为美术绿、含有美术绿的茶汤与纯茶汤的拉曼光谱对比。从图中可以得出，美术绿较强的拉曼特征峰主要集中于 1300 ~ 1600cm^{-1}，其中 1341cm^{-1} 是芳香环的振动引起的，1451cm^{-1} 是 C—H 振动引起的，1527cm^{-1} 是卟啉环中 C=C 的振动引起的，1593cm^{-1} 是苯环的伸缩振动引起的，这些对应了酞菁蓝成分的拉曼信息。比较图 5-38 中含有美术绿的茶汤和纯茶汤的拉曼光谱，两者均在 520cm^{-1} 处出现了明显的拉曼特征峰，这是硅片的拉曼信号，反映了样品的背景信息，而含有美术绿的茶汤和美术绿标准品在 1341cm^{-1}、1451cm^{-1}、1527cm^{-1} 和 1593cm^{-1} 处表现了一致的拉曼特征峰。

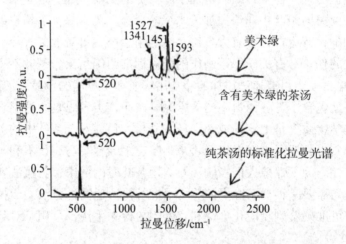

图 5-38　美术绿和含有美术绿的茶汤和纯茶汤的拉曼光谱对比

在采集到含有美术绿的拉曼光谱之后，首先对拉曼光谱进行不同预处理并根据 PLS 建模结果确定最佳的预处理方式。预处理方式主要包括移动平均平滑（Moving Average Smoothing，MAS）和小波变换（Wavelet Transform，WT）重构。通过比较校正集决定系数 R_C^2，校正集均方根误差 RMSEC，以及验证集决定系数 R_P^2，验证集均方根误差 RMSEP 选择最合适的预处理方式。从表 5-16 来看，经过多贝西 8 小波基 5 水平（db8 1evel5）分解重构的光谱建模效果较好，故在后续的分析中，采用此种预处理方式。

表 5-16　不同预处理方式 PLS 回归模型结果

预处理方式		原始光谱	MAS（3）	WT（db8 1evel5）
可溶性固形 SSC（°Brix）	R_C^2	0.962	0.941	0.936
	RMSEC	0.554	0.686	0.717
	R_P^2	0.892	0.895	0.900
	RMSEP	0.938	0.927	0.901

　　对经过预处理后的拉曼光谱利用 biPLS、CARS 和 SPA 筛选出美术绿的 14 个特征拉曼位移。其中，所筛选出的 365.6cm^{-1} 为铅铬黄的 $C_2O_4^{2-}$ 弯曲振动引起一个强拉曼特征峰，1445.6cm^{-1} 和 1523.1cm^{-1} 则对应着酞菁蓝中的 C—H 振动及卟啉环中的 C=C 振动拉曼峰，但这两个特征峰与酞菁蓝的两个拉曼特征峰有微量的偏差。为了更好地建立茶叶中美术绿的预测模型，采用偏最小二乘支持向量机建立非线性模型。从图 5-39 所示的建模效果可以得出，利用筛选出的 14 个变量建立的非线性模型具有更好的预测效果，预测集的炉达到了 0.964，RMSEP 为 0.535，而且建模集和预测集的建模结果比较接近，表明模型的性能稳定。

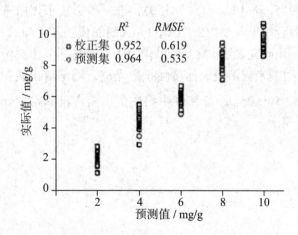

图 5-39　LS-SVM 模型中建模集及预测集的预测浓度

5.4　拉曼光谱成分分析

5.4.1　食品成分分析

牛奶是由多种物质组成的复杂分散体系，含有蛋白质、脂肪、乳糖及各种维生素等人体需要的营养元素。如何实现牛奶营养成分的快速、准确、实时检测，对保障奶品质量、提高牛奶生产自动化具有重要的现实意义。

1. 牛奶中蛋白质检测

蛋白质是牛奶最重要的营养成分，除主要的酪蛋白外，还含有大量对人体有益的微量蛋白，生乳中的蛋白质含量可达 3.2%。总蛋白含量是牛奶品质与营养成分最重要的质量指标。通过研究蛋白质结构的拉曼谱图的特征峰值、峰强度与峰面积，不仅能够获取表征蛋白质分了的振动信息、化学结构、化学键变化等信息，还可实现蛋白质在温度、pH 等特殊环境下的变化分析。

基于表面增强的拉曼散射（SERS）检测特定蛋白的方法已经被广泛研究，由于牛奶中的主要蛋白质酪蛋白（Casein）的拉曼光谱非常弱，因此无法直接用拉曼光谱进行液体中总蛋白含量的检测。Huang 等[1] 研究发现含有蛋白质的磷钨酸（PMA）混合物，在 $871 cm^{-1}$（Mo—O—Mo）和 $973 cm^{-1}$（Mo=O）处有明显特征峰，其中 $871 cm^{-1}$ 处的特征峰强度与 PMA 浓度（$0.00375 \sim 0.0375 mmol/L$）呈线性相关，进一步证实了蛋白质（酪蛋白、乳清或BSA）的预混合浓度与 SERS 系统中 PMA 的峰值强度之间的良好线性关系，如图 5-40 所示，该研究表明 PMA 可以作为牛奶液体样品中总蛋白检测的拉曼光谱指示物，利用纳米银溶胶表面增强拉曼光谱，测定磷钼酸和酪蛋白作用后的拉曼光谱，在 $2.5 \sim 25\ \mu g/mL$ 实现牛奶中蛋白质含量的定量分析，其检测限可以达到 $1.5\ \mu g/mL$。

———————————

[1]　Huang F，Li Y，Guo H，et al. Identification of waste cooking oil and vegetable oil via Raman spectroscopy [J]. Journal of Raman Spectroscopy，2016，47（7）：860-864.

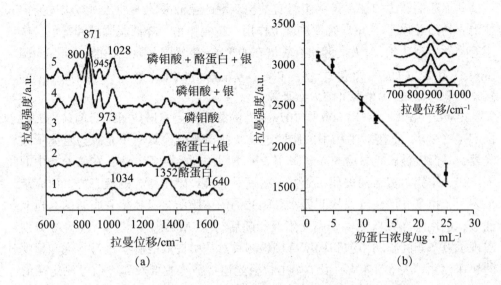

图5-40 牛奶中蛋白质的拉曼光谱图

（a）牛奶拉曼光谱和SERS光谱：1.酪蛋白的拉曼光谱，2.酪蛋白的SERS谱，3.PMA的拉曼光谱，4.PMA的SERS谱，5.用酪蛋白预混合法合成PMA的SERS光谱；

（b）牛奶中蛋白质含量与拉曼强度（0.01875mmol/LPMA，871cm⁻¹）的关系

He等[①]研发了抗体修饰的银枝晶偶合表面增强拉曼光谱（SERS）测定全脂牛奶中加入的蛋清蛋白，随着目标与银枝晶表面之间的距离增加，电磁增强明显减弱，其检测到的拉曼光谱发生一定的变化，通过二阶导数转化可以观察到1200～1700cm⁻¹有明显的差异，结合PCA分析，在30min内实现牛奶中0.1～5μg/mL卵蛋白的测定。

2. 牛奶中脂肪检测

牛奶中的脂肪是优质的脂肪，营养价值较高，具有特殊的香味和柔软的质体。其中的98%～99%是甘油三酯，还有少量的留醇、游离脂肪酸等。牛奶脂肪中含有400多种不同的脂肪酸，是天然脂肪中最复杂的物质之一，其中有10%～20%属于中链脂肪酸。

---

① He L，Rodda T，Haynes C L，et al. Detection of a foreign protein in milk using surface-enhanced Raman spectroscopy coupled with antibody-modified silver dendrites[J]. Analytical Chemistry，2011，83（5）：1510-1513.

共轭亚油酸（CLA）是一组含有共轭双键的亚油酸的各种几何与位置异构体混合物的总称。CLA 具有免疫调节作用、抗癌作用、降低胆固醇和抗血栓作用等多种生理功能，对人类健康有着潜在的价值。牛奶中共轭亚油酸（conjugated linoleic acid，CLA）含量丰富，以 cis-9,trans-11 CLA 为主，占总 CLA 的 75% ～ 90%，是 CLA 丰富的天然来源。

El-Abassy 等[1] 利用 800 ～ 3050cm^{-1} 的激光拉曼光谱技术结合偏最小二乘回归（PLS），直接对牛奶中的脂肪进行快速检测。检测所用光源为氩离子激光器，其激发波长为 514.5nm。采用 3 种不同的样品制备方法：在培养皿中的液态奶、用铝箔覆盖的玻璃板上的干奶滴及石英试管中所含的液态奶。研究结果表明，拉曼光谱法可以检测无水乳脂肪的固体脂肪含量和牛乳脂肪的共轭亚油酸，适用于在线监测牛奶脂质组成。随后，El-Abassy 等利用上述系统分别实现了液态奶的脂肪不饱和程度直接检测及对从中提取的脂肪进行不饱和程度的快速检测，表 5-17 显示了牛奶中拉曼光谱特征峰主要归属，通过测定碘值（IV）作为不饱和程度的参考值，利用 900 ～ 3050cm^{-1} 全波段结合 PLSR 方法建立了乳脂不饱和水平定量的标定模型，预测集相关系数 R^2 为 0.72，均方根误差（RMSE）为 5.9。为了进一步优化模型，通过权重系数选择 4 个特征波长 1650cm^{-1}、1265cm^{-1}、3005cm^{-1}、2850cm^{-1}，对脂肪不饱和程度的预测精度有了明显的提高，预测集相关系数 R^2 为 0.95，均方根误差（RMSE）为 0.03。

表 5-17　牛奶中拉曼光谱特征峰主要归属

拉曼峰 /cm^{-1}	分子	振动模式
3005	RHC ═ CHR	═ C—H 对称伸缩振动
2887	—CH$_3$	C—H 对称伸缩振动
2850	—CH$_2$	C—H 对称伸缩振动
1747	RC ═ OOR	C ═ O 振动
1650	RHC ═ CHR	C ═ C 振动
1525	RHC ═ CHR	C ═ C 振动

[1]　El-Abassy R M，Eeravuchira P J，Donfack P，et al. Direct determination of unsaturation level of milk fat using Raman spectroscopy [J]. Applied Spectroscopy，2012，66（5）：538-544.

续　表

拉曼峰 /cm^{-1}	分子	振动模式
1440	—CH$_2$	C—H 弯曲振动（剪切）
1300	—CH$_2$	C—H 弯曲振动（弯扭）
1265	RHC $=$ CHR	$=$ C—H 弯曲振动（剪切）
1150	——	C—C 振动
1008	HC—CH$_3$	CH$_3$ 弯曲振动

牛奶中的脂肪球主要由甘油三酯构成，以不同大小的球状形式分泌而得。不同大小的脂肪球的球体和膜组成成分不同，从而影响了脂肪在乳中的存在形式和最终的乳品功能特性。牛奶中脂肪球颗粒表面的大多数碳氢链处于紧密排列的晶体的形式中，拉曼光谱中 2890cm^{-1} 处（C—H 伸缩振动）特征峰与脂肪球颗粒晶体排列相关。

罗洁等[1]利用共聚焦显微拉曼光谱直接现定黑白花牛乳、水牛乳及牦牛乳中特定大小脂肪球及膜的脂质和脂肪酸组成，从而比较不同品种牛乳的脂质组成差异。由图 5-41 可知，黑白花牛乳在 1303cm^{-1}（磷脂的 CH$_2$ 基团振动）、1443cm^{-1}（饱和脂肪酸剪切振动）、1665cm^{-1}（卵磷脂、磷脂酰肌醇和磷脂酰丝氨酸的 C$=$C 顺式不饱和脂肪酸的伸展振动）、2850cm^{-1} 的拉曼峰强度高于其他两个品种，说明其脂肪球上磷脂和胆固醇的浓度较高。研究结果还表明，小颗粒脂肪球在 I_{2885}/I_{2850} 条带信号较高，说明小脂肪球趋于形成结晶态的脂肪球膜包裹流动态的甘油三酯内核的结构，I_{1655}/I_{1443} 条带的信号较低，表明小脂肪球的脂肪酸不饱和程度较高。

---

[1]　罗洁，王宇涵，李奕琦，等 . 拉曼光谱法测定天然脂肪球脂质成分 [J]. 光谱学与光谱分析，2015，35（12）：3555-3559.

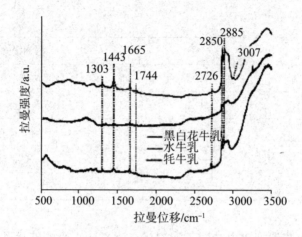

图 5-41 黑白花牛乳、水牛乳及牦牛乳中 4 μm脂肪球的拉曼光谱图

5.4.2 食品成分分析

茶叶产地不同往往会造成茶叶的品质差异显著，而拉曼光谱技术不仅可以对茶叶中所含有的微量元素进行检测，还可完成对茶叶种类的鉴别，这对于茶叶的溯源和分类有重要意义。郑玲等[①]利用拉曼光谱技术实现了对不同产地及不同陈化年限普洱茶的鉴别。图 5-42 为 3 个不同产地的茶叶 SERS 拉曼光谱的对比图。从图中可以得出，3 个不同产地的普洱茶的拉曼光谱的趋势基本一致，都具备 8 个比较明显的特征峰，分别为 735cm^{-1}、837cm^{-1}、992cm^{-1}、1252cm^{-1}、1325cm^{-1}、1465cm^{-1}、cm^{-1}、1660cm^{-1}。但由于不同的普洱茶受到当地生长环境的影响，导致了不同产地的普洱茶的拉曼光谱存在一定的差别。

[①] 郑玲，赵燕平，冯亚东. 不同产地和陈化年限普洱茶的表面增强拉曼光谱鉴别分析研究 [J]. 光谱学与光谱分析，2013，33（6）：1575-1580.

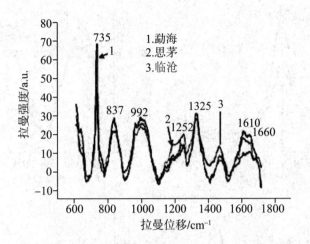

图 5-42　3 个不同产地的茶叶 SERS 拉曼光谱

　　为了更加清晰地分析不同产地的普洱茶 SERS 拉曼光谱之间的差异，将 600 ～ 1800cm⁻¹ 拉曼特征波段分为 6 个部分。图 5-43 为 6 个部分的拉曼光谱，图 5-43（a）～（e）分别为 700 ～ 800cm⁻¹、800 ～ 1100cm⁻¹、1100 ～ 1400cm⁻¹、1400 ～ 1500cm⁻¹ 和 1500 ～ 1800cm⁻¹ 的拉曼光谱。从图 5-43（a）中可知，三大产地的普洱茶都在 735cm⁻¹ 处形成了一个较强的峰值。并且相对强度排序为勐海＞临沧＞思茅。而 735cm⁻¹ 处为儿茶素中苯环面内弯曲振动形成，故可得三大茶区的普洱熟茶中儿茶素的相对含量排序为勐海＞临沧＞思茅。同样从图 5-43（d）中儿茶素的苯环与羟基振动而引起的特征拉曼峰 1465cm⁻¹ 规律一致。从图 5-43（b）中可以得出，837cm⁻¹ 处的特征拉曼峰是由 CO—NH、C—O—C 和 amide 振动引起的，故蛋白质的相对含量排序为思茅＞勐海＞临沧。在 992cm⁻¹ 处的拉曼峰是由茶多酚物质中的 C—H 和苯环的振动引起的，故茶多酚的相对含量排序为勐海＞临沧＞思茅。从图 5-43（c）中可以得出，1252cm⁻¹ 和 1325cm⁻¹ 分别是由不饱和脂肪酸等有机酸的 C—H 振动引起及儿茶素中的 O—H 和苯环的振动引起的，故三大产区的普洱熟茶的有机酸和儿茶素的相对含量排序分别为思茅＞临沧＞勐海和勐海＞临沧＞思茅。从图 5-43（e）中可以得出，1610cm⁻¹ 是由儿茶素中的苯环振动产生，其相对排序规律和 1325cm⁻¹ 的规律一致。

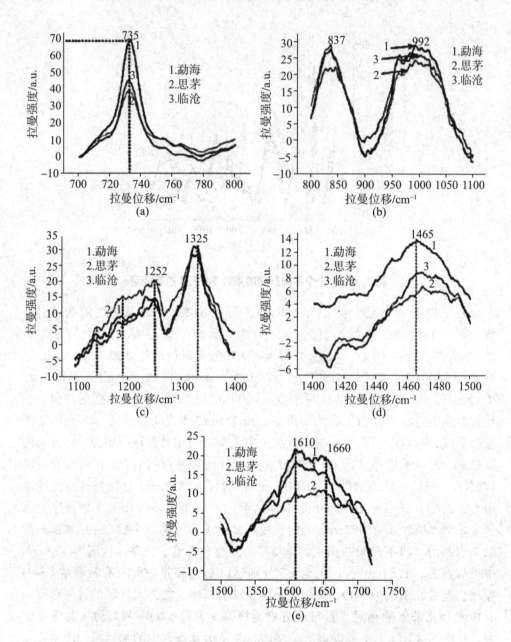

图5-43　3个不同产地的茶叶SERS拉曼光谱的详细信息

（a）700～800cm⁻¹；（b）800～1100cm⁻¹；（c）1100～1400cm⁻¹；（d）
1400～1500cm⁻¹；（e）1500～1800cm⁻¹

利用相同的方法对4个不同陈化年限的普洱熟茶的SERS拉曼光谱

进行分析。为了扩大 4 个不同陈化年限的普洱熟茶光谱特性的差异，将 $600 \sim 1800\text{cm}^{-1}$ 的光谱分为 5 个区间，如图 5-44 所示。从图 5-44（a）中可知，4 种熟茶的 SERS 光谱都在 655cm^{-1} 和 732cm^{-1} 处出现了明显的特征峰，特别是陈化 3 年的普洱茶，峰强最大。而 655cm^{-1} 和 732cm^{-1} 处的特征峰是由茶叶中的儿茶素等多酚物质的苯环进和羟基振动引起的，而茶叶中的多酚类物质对于茶叶的品质尤为重要。因此可以得出，陈华 3 年的普洱熟茶相对其他年限具有更丰富的多酚类营养物质。从图 5-44（b）中可以得出，831cm^{-1} 和 956cm^{-1} 处的特征峰是由茶叶中蛋白质的 CO—NH 和 amide 的振动及 C—O—C 的伸缩振动共同引起的，因此可以得出陈化 3 年的普洱熟茶相较于其他年份具有更高的蛋白质含量，该结论在图 5-44（e）中的 1701cm^{-1} 特征拉曼峰也可得出，1701cm^{-1} 处的拉曼特征峰为氨基酸和蛋白质的特征峰。从图 5-44（c）中可知，1254cm^{-1} 处的拉曼特征峰是由不饱和脂肪酸等有机酸的振动产生的，且相对强度排序为陈化 7 年 > 陈化 5 年 > 陈化 3 年 > 陈化 1 年，可说明陈化时间越久，有机酸的含量越高。图 5-44（d）所突出的信息最为丰富，从图中也可得出，陈化 3 年的普洱熟茶在此处的拉曼信息最为丰富，说明在普洱熟茶发酵 3 年时，茶叶内部的化学成分含量最为丰富，产生了较为丰富的茶多酚类物质，表现在 SERS 谱上具有较高的相对强度。

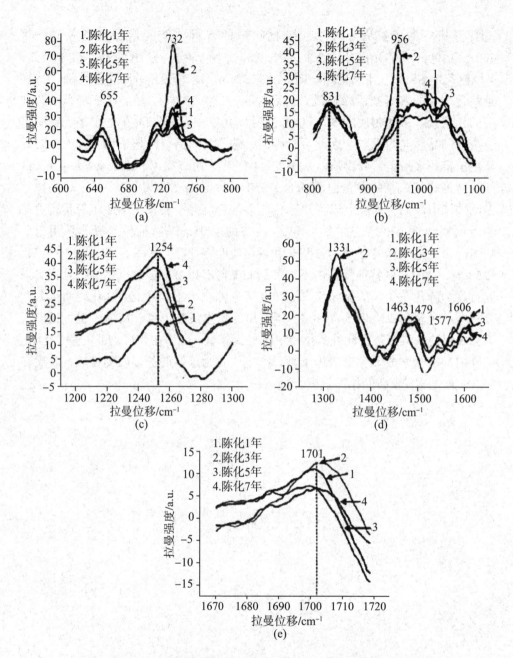

图 5-44　4 个陈化年限的普洱熟茶 SERS 拉曼光谱的详细信息

（a）700～800cm⁻¹；（b）800～1100cm⁻¹；（c）1100～1400cm⁻¹；（d）1400～1500cm⁻¹；（e）1500～1800cm⁻¹

第 6 章　近红外 – 拉曼光谱技术展望

6.1　基于近红外及拉曼光谱的食品安全检测技术的发展

近红外光谱技术的发展是从农副产品中的应用开始的。由于逐渐对农产品的营养价值的重视，发展了很多的方法来测定其营养物质的含量，但均存在费时和费力的问题。近红外光谱技术可以快速提供低成本的分析结果，尤其是对农副产品中水分的测定，以后又用于谷物及饲料中蛋白、水分、纤维、糖分及脂肪含量的测定，都取得了较好的结果。在将近红外光谱应用于农副产品分析时，多结合漫反射分析技术，近红外光谱经漫反射出来后，可以有选择地被吸收一部分，进而获得被测物质中分子结构的信息。为了得到准确的结果，又做了大量的标准物质模板。近年来，又逐渐扩展到果品质量的检测方面，可以采用特殊的测样附件得到透射光谱，并取得了较好的定量结果。近红外光谱在农产品领域得到广泛应用后，目前在食品工业中也已成为不可或缺的质量检测手段。

6.1.1　近红外光谱技术在农残检测领域的发展

从 20 世纪 50 年代起到最近几年，经过多年的研究和发展，农药残留量检测分析技术日趋多样化、便捷化、低成本化和快速化。目前，农药残留量检测方法有：色谱法、毛细管电泳法、酶抑制检测法、生物传感器检测法、酶联免疫分析检测法、蛋白芯片技术检测法、酶分析技术检测法、活生物体分析技术检测方法、光谱检测法（荧光光谱法、紫外–可见光谱法、近红外光谱法、红外光谱法、高光谱成像检测技术）等。何永红在基于生物学原理的农药残留量检测技术的进展综述中提到，生物学检测农药残留量的主要方法之一：免疫分析法，其优点表现为独特并且敏感，然而，获取因各类农药而产生的抗体很难。生物学检测农药残留的主要方法之二：生物传感器方法，此方法的特点是迅捷和同步性，但这种方法的敏感性、适用强健性尚且有待于进一步的研究。生物学检测农药残留的主要方法之三：酶分析技术和活生物体分析技术，此类方法相对于免疫分析法和生物传感器法，且更加廉价，但其与化学检测方法都需要对样品进行相对繁杂的处理。

在生物、化学方法的农药检测中，为了克服样品组成成分复杂性，便于检测和得到准确、可靠的检测结果，需采用必要的预处理方法，常用的样品制作提取方法包括提取和净化，提取和净化主要采用的方法包括浸渍–振荡法、索氏抽提法、超声波提取法、净化技术、固相萃取、固相微萃取（SPME）、基体分散固相萃取（MSPD）、加速溶剂萃取（ASE）、超临界萃取（SFE）、凝胶色谱（GPC）净化、固相萃取（SPE）净化等。样品的预处理技术虽然为微量农药残留量检测技术提供了便利和作出了巨大的贡献，但是其操作过程却是烦冗复杂的。而光谱检测法作为近几年发展起来的新检测技术，由于可弥补上述生物、化学方法的缺点，引起了广大研究者们的兴趣。

使用光谱技术测定样品的基本内容如下：

（1）采用现有的标准分析技术测出待测样品的性质和数据。

（2）使用光谱装置和仪器采集样品的光谱数据，并用各种分析方法对光谱数据进行分析。

（3）建立光谱数据的数学模型并将光谱法的结果与标准法的测量结果进行关联，即得到以标准方法为参考的定量和定性分析关系的校正模型，并使用此数学模型对预测集样品进行预测，以各种评价参数判断所建立模型的优劣，如稳定性、泛化能力等。

尽管光谱分析属于间接检测和二次检测技术，但是光谱分析技术在与标准方法关联后所建立的关于物质性质的模型与常规检测方法并无系统偏差，并且其结果更加稳定，精度更高。

本书所研究的光谱检测方法为近红外光谱技术。虽然近红外光谱吸收强度和灵敏度都比较低，在痕量分析领域具有挑战性，使用近红外光谱技术检测含量在 10^{-3} 以下物质的近红外光谱检测技术的可行性研究较少，但在理想条件下，只要样品在近红外光谱下可以提取到光谱数据，并且借助于化学计量学在近红外光谱分析中的应用，使用近红外光谱技术分析微量农药残留量是可能的。并且，随着近红外光谱分析技术的不断改进，近红外光谱仪信噪比可高达 10^5，利用其性能和精确度的不断提高，近红外光谱分析技术应用于食品农药残留污染方面的检测研究在一定程度上得到了进一步的发展。

在近红外光谱分析技术用于菠菜中毒死蜱残留的定量分析研究中[1]，为了使检测更接近于现实农作物的组分，制作用于后续适用的试验样品是 37 个浓度为 0.005～0.1mg/kg 的以效仿真实果蔬成分背景的毒死蜱物质的混合液，在此后，我们又准备了 36 个浓度为 0.1～3.65mg/kg 的菠菜萃取溶液，在菠菜萃取液中加入了以实验设计浓度为标准的毒死蜱农药物质，采用偏最小二乘回归统计方法建立校正模型。从实验的效果来看，两种样品均得到了良好的预测效果。

熊艳梅在短波近红外模拟测定农药乳油中的有效成分含量的研究中，以其试验的初步设计和对样品值的规划，配置了用于校正的检验对象 23 个，样品的平均分布为 8.77，经过计算得到了 4.53 的检测对象标准差。另外，设置了 7 个样品平均分布为 8.37 的用于预测适用的目标集合样品，此集合的标准差为 4.29。对近红外仪器扫描到的样品数据使用中心化方法、极差归一的优化方法进行预处理，评判试验结果的方法使用全交互法进行评价，得到了较优的校正结果：R^2 =97.37%，$RMSEC$=0.73，$RMSEP$=1.06，RPD=4.05，表明了短波近红外光谱技术在农药质量检测应用中的优势。

沈飞等对近红外光谱分析技术在辛硫磷农药残留检测中的应用研究中，纵观近红外光谱技术的新发展，综合考虑后采用的优化手段如下：以硅胶为吸附剂来吸附微量的农药，这种方法需要将需要扫描的对象掺入硅胶，然后再扫描其近红外数据，并以此建立 PI5 数学模型，建立模型后的评价手段采取留一法交互验证。结果表明，以 0.5mg/L 作为间隔选取的 21 个待测目标的评价参数如下，交互验证R^2 =0.958，$RMSECV$=0.872mg/L。以间隔为 0.25mg/L 选取一组待检测目标集的 41 个待测目标的评价结果为，交互验证R^2 =0.924，$RMSECV$=1.15mg/L。模型的预测能力虽然在间隔为 0.25mg/L 样品中有所损失，但是其相关系数仍是较优的，以硅胶吸附样品中农药的方法对痕量农药残留量的近红外光谱检测技术是有效的。

---

[1] 刘翠玲,隋淑霞,孙晓荣,等.近红外光谱技术用于菠菜中毒死蜱残留的定量分析研究[J].食品科学，2008，29（07）：356－358.

刘丽丽基于近红外光谱技术研究了白菜乐果残留的分析和检测探索，使用的主要样品制作手段为以超高压对蔬菜进行预处理，压力持续 3min，并且保持 300MPa 的压强，并在其中掺入 50mL 的萃取液，需要 25g 农作物。仪器参数的设置情况大致如下，光谱扫描的分辨率：$4cm^{-1}$、按采集 32 次进行光谱平均处理，光程 1mm，以此建立了近红外光谱仪器扫描到的数据的分析模型，结果表明，使用超高压处理过的蔬菜样品的相关系数为 87.14%，模型的 $RMSECV=0.139$，根据研究结果，此方法的分析精度为 10^{-5}，比同等条件下不进行超高压处理的样品数据的分析精度高 100 倍，并且，此方法的快捷程度为 NY/T 761–2004 所规定的国标有机磷农药分析快速程度的 20 倍左右。

由于食品种类繁多，在进行基于近红外光谱技术的农药残留量的检测技术中样品的处理需要考虑其地域性和所含背景物质的复杂性等繁多因素，针对各品种进行合理处理的最优方法仍未有统一的处理技术标准，所以在样品准备和制备方面还没有形成公认的统一方法。由于使用近红外光谱技术进行农药残留检测仍未完全成熟，如何使在一次实验中处理样品的方法同时适用于不同研究室和研究人员所使用的仪器及不同样品，仍需要大量的研究证实，并且对于样品扫描得到的光谱数据进行预处理方法的标准仍需大量研究实践来制定。

对农药残留近红外光谱原始光谱数据进行优化处理后，定性、定量分析模型的建立和模型检验是农药残留量近红外光谱分析的核心。常用的多元校正分析方法有多元线性回归、主成分回归、逐步回归分析法、偏最小二乘法和人工神经网络和拓扑等，模式识别在 20 世纪 60 年代末被引入化学领域后，化学计量学专家们研究发展了多种模式识别算法，如聚类分析法、最短距离法、重心法、离差平方和法、K– 均值聚类方法等。

在近红外光谱技术检测溶液中毒死蜱含量的试验中，对效仿蔬菜成分的试验用试验液 37 个样品——农药残留含量为 0.005 ～ 0.100mg/kg 有机磷农药试验液和 10 个不含农药的蔬菜模拟液分别以 PLS 和模式识别中的聚类分析法建立分析模型，进行农药残留量的含量和鉴别分析，证明此技术在检测农药残留量为 0.008 ～ 0.090mg/kg 的氯吡硫磷果蔬模拟液中预测效果好，聚类分析模型的分类正确率高。

周向阳等人在近红外光谱法（NIR）快速诊断蔬菜中有机磷农药残留的研究中，基于近红外光谱技术对诸如十字花科等 20 余种农作物果蔬产品进行了探索微量农残分析研究，研究结果表明，此技术的检测分析优势显著，并认为近红外光谱法是一种易用、迅捷并且稳健的农药残留分析技术。文中利用近红外光谱技术分析溶液中微量毒死蜱含量，首先，在配置的过程中将样品分为两类：一类是以甲醇和水为混合背景的氯吡硫磷溶液，另一类是由甲醇、水、维生素 C、蔗糖和氯吡硫磷掺杂而效仿农作物果蔬的试验溶液（蔬菜模拟液）。以二阶导数 +17 点平滑和一阶导数 +21 点平滑作为光谱数据的优化手段，并利用 PLS 法建立模型，结果表明，不同样品中氯吡硫磷质量比（大于或等于）3.2mg/kg 的样品模型效果更好。

另外，在农药残留近红外光谱分析的非线性校正技术中，ANN 的应用十分广泛。吴泽鑫等基于近红外光谱的当前农药残留无损检测方法研究中，建立的基于误差反传理论的神经网络方法数学校正分析模型，试验得到了如下结果：对校正集外的样品的正确判断高达 96%，在模型的建立过程中，对神经网络模型的训练仅有 0.015 的偏差，R =0.971，表明了 BP 神经网络在近红外光谱法检测农药残留量研究中的可行性。代芬等人在基于近红外光谱分析的龙眼表面农药残留无损检测研究中，对龙眼上存在的 O，O- 二甲基 –（2，2，2- 三氯 –1- 羟基乙基）磷酸酯和 O，O – 二甲基 – O –（2，2- 二氯乙烯基）磷酸酯残留含量分析进行了新的探索，仪器的扫描波数为 500 ～ 1000nm，扫描用不同浓度的 O，O- 二甲基 –（2，2，2- 三氯 –1- 羟基乙基）磷酸酯和 O，O- 二甲基 –O–（2，2- 二氯乙烯基）磷酸酯喷洒的龙眼，对扫描到的采样值进行主成分分析、聚类分析并建立 BP 神经网络模型，结果表明，模型判断两种农药物质的微量残留结果高达 93% 和 80%，为 BP 神经网络在近红外光谱检测中应用的可行性提供了实验依据。

农药残留检测技术的需求促进了分析科学特别是仪器分析的飞速发展。同时，仪器分析技术的高度发展，也为农药残留检测能够达到超痕量水平提供了保障。未来农药的发展是以持续发展、保护环境和生态平衡为方向的。目前，农药残留检测的发展趋势有以下几个方面：

（1）总体上，农药残留分析继续朝着安全、高效、经济、环保的方向快速发展，表现为微型化、省时省力、高效、减少溶剂用量、限用或慎用高毒性溶剂和氯代烃类溶剂以及分析成本不断下降，实验室人员的安全意识和环境保护意识比过去有了提高。

（2）在检测方面，农药分析范围扩大到数百种；超临界流体色谱（SFC）、高效毛细管电泳（HPCE）、高效薄层色谱（HPTLC）和离子色谱（IC）等新的分析技术不断涌现；各种联用、自动化技术的广泛应用，近红外光谱分析技术也开始进入农药残留检测研究中。

（3）快速检测技术迅速发展，其中主要以酶联免疫（ELISA）技术为代表的快速检测技术已进入市场，满足生产和生活实际中的需要，实现农药残留现场和即时分析。

（4）不断加快农药残留分析方法的标准化步伐，越来越多的农药残留实验室的质得到认可，农药残留分析的技术和结果在国际间的协同化应用已变为可能，这将极大地提高农药残留检测的效率。

（5）世界经济一体化的趋势和人们日益强烈的质量及健康意识，农药残留已经成为食品安全问题的主要部分，正在形成完善的农药残留监测和管理体系。

由上可以看出目前色谱法等主流检测手段虽然能够达到检测要求，但随着农药残留检测朝着安全、高效、经济、环保的趋势发展，选择一种快速、方便、无污染的"绿色"检测方法是十分必要的。

6.1.2　表面增强拉曼光谱技术在食品安全检测中的发展

表面增强拉曼光谱是一种强有力的食品检验技术，当待测样品吸附于具有纳米量级粗糙度的金属结构表面时，样品分子的拉曼信号将得到极大的增强。该检测技术具有灵敏度高、响应迅速以及"指纹"识别等特点，在快速检测食品污染物等方面具有巨大的应用前景。

1. 重金属残留

重金属污染主要是铅、汞、铬、镉、锌等在水体、土壤中的残留。这些重金属具有富集性，在环境中很难降解，并会通过食物链对人体造成伤害。重金属能使人体内蛋白质或者酶失活，也能在某些器官内富集，造成急性中毒、慢性中毒等。表面增强拉曼光谱作为一项痕量检测技术在重金属检测中得到了广泛的应用，具体见表6-1。

表6-1　表面增强拉曼光谱在其他重金属检测中的应用

分析离子	检测物质	基底	检出限
Hg^{2+}	水	磁性纳米粒子修饰银纳米粒子	$8.4 \times 10^{-13}\ mol \cdot L^{-1}$
Cd^{2+}	水	多巴胺修饰金纳米粒子	$10^{-8}\ mol \cdot L^{-1}$
Cr^{6+}	水	海藻酸钠修饰银纳米粒子	$1.01 \times 10^{-9}\ mol \cdot L^{-1}$
As^{3+}	水	银包金核壳纳米粒子	$10^{-4}\ mg \cdot L^{-1}$

分析离子	检测物质	基底	检出限
As^{3+}	水	N–[2–(吡啶–2–甲基)氨基]–2–巯基乙酰胺修饰金纳米粒子	$0.34\mu g \cdot L^{-1}$
Zn^{2+}	水	磁性纳米粒子修饰银纳米粒子	$2.8 \times 10^{-13} mol \cdot L^{-1}$
Cu^{2+}	白酒	配体修饰金纳米粒子	$<0.5mg \cdot L^{-1}$
Ag^{+}	水	银包金核壳纳米粒子	$5 \times 10^{-11} mol \cdot L^{-1}$

　　汞离子是水体中常见的重金属离子，对人体的中枢神经系统造成影响。胡宝鑫等[①]用巯基丙烷磺酸钠修饰银纳米基底，通过巯基与银纳米粒子和汞离子等的特异性结合的特点，定量检测汞离子浓度，在没有干扰离子和干扰离子为镍离子等情况下，该方法具有较好的测试准确度，结果偏差小于20%。次年，Zeng 等[②]将 DMcT 修饰的 Au@Ag 纳米粒子作为表面增强拉曼光谱探针检测 Hg^{2+}，由于 Hg^{2+} 与氮原子之间有较强的配位作用，检出限低于 $10^{-8} mol \cdot L^{-1}$。镉是重金属污染元素之一，广泛存在于化肥、土壤、饮用水中，也存在于一些果蔬中，如蘑菇等。Dasary 等[③]利用高拉曼活性物质茜素染料修饰金纳米粒子，将 3 – 巯基丙酸，2，6 – 吡啶二甲酸固定在纳米粒子表面，以实现镉的选择性配位，检出限可达 $1 \times 10^{-5} mg \cdot L^{-1}$，该方法简单、快速、重复性好，具有推广潜力。

---

① 胡宝鑫，魏思宇，胡晓宇，等. 表面增强拉曼光谱对水中重金属汞离子的检测 [J]. 广州化工，2016，44（18）：154–156.

② Zeng Y, Wang L H, Zeng L W, et al.A label free SERS probe for highly sensitive detection of Hg^{2+} based on functionalized Au@Ag nanoparticles [J]. Talanta, 2017, 162: 374–379.

③ Dasary S S R, Jones Y K, Barnes S L, et al.Alizarin dye based ultrasensitive plasmonic SERS probe for trace level cadmium detection in drinking water [J]. Sensors and Actuators B: Chemical, 2016, 224: 65–72.

铬离子对呼吸道有很强的刺激作用，经常接触易得鼻炎、支气管炎。Lv 等[1] 通过在 $Fe_3O_4@Au$ 表面涂覆 $2 \sim 6mm$ 的 TiO_2 层，有利于富集 $Cr（Ⅵ）$，检出限为 $5 \times 10^{-8} mol \cdot L^{-1}$，该底物对于 $Cr（Ⅵ）$ 的选择性优于其他共存离子。

2. 食品添加剂

目前，食品添加剂已成为食品生产加工过程中必不可少的物质。其按照功能可分为着色剂、防腐剂、抗氧化剂、甜味剂等，用于改善食品色、香、味等品质以及用于食品防腐。但是，滥用或者超过规定的剂量使用添加剂会造成食品的质量安全问题。Ai 等[2] 在聚乙烯吡咯烷酮（PVP）表面活性剂存在下，用抗坏血酸还原硝酸银，合成花状银纳米粒子，检测 4 种不同的食品着色剂（食品蓝、石杉碱、日落黄、酸性红），检出限分别为 79.285，5.3436，45.238，50.244 $μg \cdot L^{-1}$。Yao 等[3] 在 2012 年使用金溶胶作为活性基底检测了 2，6 - 二叔丁基对甲酚（BHT），检测限可达 $10mg \cdot L^{-1}$。之后该课题组等合成了用于敏感、快速、方便、无损检测的核壳纳米材料，选择最佳合成条件进行半定量检测。通过表面增强拉曼光谱筛选，检测了黄鱼、红烧肉、红辣椒、青椒、红酒中的酸橙 Ⅱ 和亮蓝。结果与标准高效液相色谱法比较，验证了表面增强拉曼光谱的正确性，以及核壳纳米粒子在快速检测食品中的色素方面具有良好的

①　Lv B, Sun Z L, Zhang J F, et al.Munltifunctional satellite $Fe_3O_4–Au@TiO_2$ nano-structure for SERS detection and photo–reduction of Cr（Ⅵ）［J］. Colloids and Surfaces A: Phycicochemical and Endineering Aspects, 2017, 513: 234–240.

②　Ai Y J, Liang P, Wu Y X, et al.Rapid qualitative and quantitative determination of food colorants by both Raman spectra Surface–enhanced Raman Scattering（SERS）［J］. Food Chemistry, 2018, 241: 427–433.

③　Yao W R, Sun Y Y, Xie Y F, et al.Development and evaluation of a surface–enhanced Raman scattering（SERS）method for the detection of the antioxidant butylated hydroxyanisole ［J］. European Food Researchand Technology, 2011, 233（5）: 835–840.

性能 [①]。Wang 等 [②] 以 ZnO@Ag 空心纳米球为模型，研制了一种用于测定食品中亚硝酸盐的表面增强拉曼光谱传感器。该传感器 4 - 氨基噻吩醇（4-ATP）和 1- 萘胺（1-NA）的相互作用，使 ZnO@Ag 空心纳米球基片表面的亚硝酸根有明显的增强作用。在优化的试验条件下，亚硝酸盐检测的线性范围为 $1×10^{-8}$～$1×10^{-3}$ mol·L^{-1}，检出限为 $0.3×10^{-8}$ mol·L^{-1}，该表面增强拉曼光谱基底的增强因子为 $3.17×10^8$。

3. 食品非法添加物

食品非法添加物并非可食用添加剂，而是危害性未知或者因毒性较大而被禁止的化学合成物 [③]，如三聚氰胺、吊白块等。随着食品工业的发展，一些不法商家为谋取私利在食品中加入非法添加物，损害了人体健康，影响社会安定。因此，建立一种快速灵敏的检测方法对于食品工业健康发展十分重要。Creedon 等 [④] 介绍了在柔性热塑性聚合物表面模板化纳米结构，用铝苏打罐模板制备透明表面增强拉曼散射基片，再在表面沉积银的方法，检测牛奶和婴儿配方奶粉中的三聚氰胺。检测结果同商用串联质谱仪（MS-MS）相对比，具有相似灵敏度。Yu 等 [⑤] 将磁性纳米粒子与磁性固相微萃取（SPME）装置相结合，提出了分散磁性微萃取 - 表面增强拉曼光谱检测方法，实现了富集、磁分离、检测一体化，用于检测保健酒中枸橼酸西地那非（SC）含量，检出限为 $1.0×10^{-8}$ mol·L^{-1}，从富集到检测只需 10min。

① Sun Y Y, Xie Y F, Wang H Y, et al.Adsorption of 2, 6-di-t-butyl-p-hydroxytoluene（BHT）on gold nanoparticles; Assignment and interpretation of surface-enhanced Raman scattering［J］. Applied Surface Science, 2012, 261: 431-435.

② Mang J J, Hassan M M, Ahmad W, et al.Ahighly structured hollow ZnO@Ag nanosphere SERS substrate for sensing traces of nitrate and nitrite species in pickled food［J］. Sensors and Actuators B: Chemical, 2019, 285: 302-309.

③ 黄亚伟，张令，王若兰，等. 表面增强拉曼光谱在食品非法添加物检测中的应用进展［J］. 粮食与饲料工业, 2014（9）: 24 — 27.

④ Creedon N C, Lovera P, Furey A, et al.Transparent polymer-based SERS substrate templated by a soda can［J］. Sensors and Actuators B: Chemical, 2018, 259: 64-74.

⑤ Yu S H, Liu Z G, Wang W X, et al.Disperse magnetic solid phase microextraction and surface enhanced Raman scattering（Dis-MSPME-SERS）for the rapid detection of trace illegally chemical［J］. Talanta, 2018, 178: 498-506.

4.食源性致病微生物

世界卫生组织将食物传播疾病定义为由通过摄入食物进入人体的病原体引起的疾病，通常是传染性疾病或有毒疾病。常见的食源性致病微生物有沙门氏菌、金黄色葡萄杆菌、大肠杆菌O157：H7、李斯特菌、芽孢杆菌以及一些病毒。传统的微生物检测方法较为费时，无法达到快速检测的目的。表面增强拉曼光谱技术高效、灵敏，在快速检测食源性微生物中具有良好应用前景。Zhang等[1]通过在聚甲基丙烯酸寡聚乙二醇酯（POEGMA）中加入多层银纳米粒子（AgNPs），利用堆垛法探索三维（3D）表面增强拉曼光谱基底的制备方法，检测金黄色葡萄球菌，检出限为8CFU·mL^{-1}。Bozkurt等[2]建立了一种利用碱性磷酸酶（ALP）酶活性检测大肠杆菌（E.coli）的夹心免疫分析方法，同时合成了球形磁性包金核壳纳米颗粒（MNPs–Au）和棒状金纳米颗粒（AuNPs），并对其进行了改性，检出限为10CFU·mL^{-1}。Liao等[3]提出了一种基于三维表面增强拉曼光谱和激光诱导击穿光谱（LIBS）相结合的细菌定性定量检测方法。采用改进的原位合成方法制备了表面增强拉曼光谱活性 Ag NPs，并通过原位合成样品液滴的自然蒸发获得了细菌的可重复表面增强拉曼光谱。整个检测过程，包括样品制备和检测，可在约30min内完成，分析时间短，操作简单，所提出的策略显示了细菌分析的巨大潜力。

6.1.3 红外光谱技术存在的问题及发展前景

虽然近红外光谱技术具有快速、无损、多组分同时检测、便于实现在线监测等优点，但在其实际应用中还存在一些问题。近红外检测技术在国内市场相对来说属于新生事物，还需要被接受和消化的过程；食品行业缺乏近红外检测

① Zhang Q, Wang X D, Tian T, et al.Incorporation of multilayered silver nanoparticles into polymer brushes as 3–dimensional SERS substrates and their application for bacteria detection［J］. Appiled Surface Science, 2017, 407：185–191.

② Bozkurt A G, Buyukgoz G G, Soforoglu M, et al.Alkaline phosphatase labeled SERS active sandwich immunoassay for detection of Escherchia coli［J］. Spectrochimica Acta Part A: Molecular and Biomolecular Spectroscopy , 2018, 194：8–13.

③ Liao W L, Lin Q Y, Xie S C, et al.A novel strategy for rapid detection of bacteria in water by the combination of three–dimensional surface–enhanced Raman scattering（3D SERS）and laser induced breakdown spectroscopy（LIBS）［J］. Analytica Chimica Acta, 2018, 1043：64–71.

标准；近红外检测模型建立需要大量具有代表性的样品，理想的样品可能很难获得；样品搜集后采集光谱的方式有多种，如透射、透反射、漫反射等，但每种物质都有自己的最佳光谱采集方式，这就需要多次的比对试验才能确定；建模过程中，数据预处理方法，建模策略都会影响模型准确性、稳定性及一致性，没有一定相关专业知识和经验，往往做不出好的模型；建好的模型也要随着原料产地、气候、年份的差异，以及生产配方、加工工艺的变化而进行实时维护、更新与升级；精密光学仪器本身的生产成本，国外生产技术的垄断与壁垒，以及我国在近红外光学仪器关键部件生产方面的落后等形成了国外品牌仪器销售价格居高不下，国内近红外设备精度低、稳定性差的现状。

上述问题在一定程度上阻碍了近红外技术在食品行业地快速发展及应用。当然，随着对近红外光谱检测技术的认识更加深入，建模算法不断地升级，仪器相应配套化学计量学软件功能不断地优化，技术方面的问题肯定会逐步得以解决。随着我国快速发展的近红外技术市场需求，在仪器厂商、科研院所的努力下，国产设备硬件性能不断提升，仪器价格将会更容易被市场接受。另外，在相关行业部门地积极参与下，结合近红外国际标准检测体系，建立适合我国食品市场的近红外光谱检测技术标准，进而完善我国的食品检测技术体系，也将促进近红外光谱技术的推广。届时，近红外光谱技术会应用于食品行业的整个生产与流通环节。食品厂商采购原料时，按质定价，杜绝原料掺假；生产加工过程中，做到关键点质量控制，严格监控生产工序；产品流通中，快速高效测定其质量参数，判断是否合格，层层把关，杜绝劣质不合格食品流入消费者手中。在未来的市场中，便携式近红外检测设备将以其高性能、小巧便携、低价等特点而被应用于各种食品流通领域。

在人们选择食品时会多一项营养成分参考，让消费者买得放心，吃得舒心。此外，近红外设备获取的信息还能被接入食品物联网，让物联网的信息更全面，功能更强大。在国内食品质量控制的同时，将近红外光谱技术应用于进出口食品的检测，在防止国外质量不合格食品流入国内消费市场的同时，严把出口食品的各个环节，做到全面细致地监控出口食品的质量，以获得国际食品市场的认可，从而促进“中国制造”地出口。总之，随着近红外光谱检测技术地深入应用，将会推动我国食品产业更加健康蓬勃地发展。

6.2　基于近红外及拉曼光谱食品品质检测的发展

6.2.1　近红外光谱技术在面粉品质检测领域的研究进展

小麦粉作为我国居民日常生活中不可或缺的主食原料和加工部分食品的基础原料，具有其他粮食作物不可替代的优势，我国每年小麦产量大约为 1 亿 t，占全国粮食总产量的 23% 左右，小麦粉品质的好坏直接影响面粉制品的质量，也直接关系到人们的身体健康，在这个日益注重产品质量、食品安全和身体健康的社会里，人们更加注重小麦粉的品质。

我国小麦粉品质分析基本上是由食用品质检验、物理品质检验及化学品质检验三部分组成的。其中，食用品质包括熟食品质、判断其气味、有害残留物测定、口味等；物理品质包括加工精度、面筋质、粗细度、磁性金属物等；化学品质包括灰分、脂肪酸值、含砂量、水分等。其中，水分、灰分及面筋的含量是影响小麦粉品质的重要因素，也是工厂日常检测的主要工作，三项指标需要实时检测，同时也对指导实时生产起到了重要作用。

目前小麦粉检测方法是以化学原理为主流的检测方法，以下为小麦粉检测中水分、灰分、面筋三种重要指标的国标检测方法。

1. 水分

小麦粉的水分是指在高温下烘干面粉，所损失的水分占试样的百分比含量。小麦粉的水分直接影响产品的白度及存储情况，水分超过标准时，面粉不宜存放，很容易结块、生虫甚至霉变。所以，要根据不同的天气和季节条件来控制小麦粉的水分。GB 5497—1985《粮食、油料检验水分测定法》中规定的常用于小麦粉测定水分的方法有两种：105 ℃衡重法和定温定时烘干法，两种方法均存在操作复杂、所需的检测时间长等问题。此外还有快速水分检测仪检测法、隧道式烘箱法等。测水分所用的仪器用具主要有分析天平、电烘箱、干燥器、铝盒、快速水分检测仪等。

2. 灰分

小麦粉的灰分是指小麦粉经过高温灼烧后遗留下来的残渣即各种矿物质元素的氧化物占面粉的百分比含量。它是衡量小麦粉纯度的重要指标，我国特一粉的灰分含量在 0.75% 以下，面包用粉在 0.6% 以下，标准粉在 1.2% 以下，饺子、面条用粉在 0.55% 以下。小麦粉的灰分含量可以通过间接的方法来衡量，如通过出粉率的高低、粉色深浅等。准确的方法是进行灰分测定，通常是将小麦粉放在指定高温的电炉中灼烧，燃烧后所剩下的灰烬的含量占样品量的百分比即灰分含量。其检测常用的方法是 550℃灼烧法和 850℃高温定时法。仪器用具有坩埚、干燥器、高温炉等。通过测定小麦粉灰分可鉴别小麦的加工精度，可以鉴别小麦品种，还可以反映小麦粉的营养价值，并可以进行掺假检验等。

3. 面筋

小麦粉的面筋是经过加水揉制成面团后，在水中揉洗，淀粉和麸皮微粒呈悬浮状态分离出来，它水溶性和溶于稀 NaCl 溶液的蛋白质等物质被洗去，最后剩余的有弹性和黏弹性的不溶于水的胶状物质即面筋，用百分比表示。小麦粉的面筋含有丰富的蛋白质，其主要由麦谷蛋白和麦胶蛋白组成，还含有少量的糖分、淀粉、脂肪和其他蛋白质。小麦粉的面筋测定方法有手工洗涤法、仪器设备洗涤法和化学测定法。使用水洗方法测定小麦粉的面筋含量时，有许多因素影响水洗面筋的收率及质量：一是水洗前面团放置时间的长短；二是小麦粉的种类、数量和所用加水量等；三是水的种类。手洗法较费时，并且实验结果会因人而异；机洗法（面筋仪）则采用规范化的标准方法，相对快速且结果准确性较高，目前被广泛用于小麦粉面筋含量的测定来及时了解小麦粉的蛋白品质特性并掌控小麦的存储品质，该方法的主要仪器用具有面筋仪、玻璃棒、天平等。面筋的性质和含量是小麦粉品质优劣的重要指标，也是决定小麦粉用途的重要依据。

目前，小麦粉的品质检测采用的上述传统实验室测定法，虽然能够达到检测的要求，但是这些方法存在检测时间较长、操作复杂及人为因素影响较大等问题，比如小麦粉的水分、灰分定量分析的测定至少需要 3 ～ 4h，即使检测人员全力以赴，每日的检验也只能做 1 ～ 2 次，而面筋的检验不仅耗时长而且受人为因素的影响较大，这对保证产品质量的稳定性是远远不够的，特别是生产自动化高度发展的今天，面粉厂的配粉工艺要求品质研发部及时提供品质检验结果，以便及时采取措施，调整小麦粉的生产工艺和搭配，减少不合格产品的生产。

针对目前小麦粉品质检测方法的种种弊端和实际生产的需要，研究一种简便、快速、准确、无污染、无损的检测方法是小麦粉品质检测的重要发展方向。

近年来，近红外光谱技术用于小麦及小麦粉品质检测的研究报道较多，并取得了成功的应用。

彭玉魁等人用近红外分析技术对小麦的组分含量进行了比较测试，用近红外分析技术测得的小麦样品的水分、粗纤维、粗蛋白、赖氨酸含量与常规分析法之间的相关系数较高，均达到了相近的水平，说明近红外光谱技术能够分析小麦粉的品质。刘继明等人探讨了近红外分析仪在面粉厂的重要应用，可以测定小麦及面粉的水分、灰分及粒度含量等。Feng等人通过对面包老化特性和货架寿命的研究表明，利用近红外交叉验证来测定货架寿命的结果比质构仪的测定值达到更好的效果。

Wesley等人运用近红外光的漫反射技术对小麦粉的相关蛋白进行了测定，结果得到了较高的相关系数和较低的偏差，进一步证明了近红外光谱技术具有较强的应用性，值得一提的是，澳大利亚Black和Panozzo利用可见光–近红外光漫反射技术测定小麦的水分、蛋白质、面团黄度、出粉率、吸水率、延展性、硬度、最大抗延阻力和峰值黏度9项指标，只有最大抗延阻力和延展性的相关程度较低，其他的各项指标与常规分析结果相比均具有较好的相关性。

邓益锋和张志霞分别用近红外分析方法与传统分析方法测定小麦粉中粗蛋白和粗灰分，并对两种方法进行比较，结果表明，两者的炉分别为0.986和0.991，相对误差均小于5%，这说明可以用近红外光谱分析技术来分析小麦粉粗蛋白和粗灰分的含量。

高居荣利用国标化学法和DA7200近红外仪分别对20个小麦品种的面筋含量、吸水率、蛋白质含量、面团形成时间和稳定时间进行了检测。结果表明近红外光谱技术与国标法具有良好的重现性和相关性，从而证明可以把DA7200近红外仪应用于在小麦品质分析、优质小麦选育和种质资源评价中。

陈锋、何中虎等人利用近红外的透射光谱对自全国各地426份小麦样品的水分、面筋、硬度、蛋白质等含量进行了测定，指出化学值与近红外光谱之间具有较好的相关性，如蛋白质、水分等指标校正集和预测集决定系数分别为0.96、0.97和0.97、0.96，可知误差较小，这说明近红外光谱能够用来检测分析小麦的蛋白质和水分含量。

6.2.2 近红外光谱在水果品质检测中的研究进展

水果已成为继粮食、蔬菜之后的第三大种植业，在农村经济发展和农民增收中起到十分重要的作用。近年来，我国加大了果品的生产及产后处理技术的改进力度，使鲜果品质有了一定改善，但与发达国家对比，还存在较大差距，在鲜果上市前，绝大部分鲜果均未进行采后清理便以自然的形式、不封装、不分等次直接上市，严重影响果品销售价格，从而导致我国水果的国际市场竞争力较弱，出口量低。

1. 水果品质动态在线分选装置及应用

近红外在线分选装置示意图如图 6-1 所示，装置主要由三大部分组成：输送部件、光源系统和光谱采集部件。其中输送部件包括果盘、运输带、变频器和电动机等；光源系统主要包括稳压器、光源和光源固定架等；光谱采集部件主要包括光谱仪、光纤和探头等。水果品质近红外光谱动态在线分选装置的检测方式分为透射、漫反射和漫透射 3 种，透射检测方式中光源与检测器在样品的两侧，所采集的是完全穿透水果后的光谱信息，基本上反应水果内部品质信息；漫反射检测方式中光源和检测器在样品的同一侧，所采用光源的功率相对较小，光谱反应的是水果的局部信息，大多用来检测薄皮水果的品质；漫透射检测方式主要是由多个光源组合成光源系统对水果不同位置进行照射，检测器可以接收到水果大部分品质信息，可以有效地检测水果内部品质。

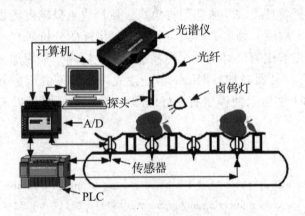

图 6-1　近红外在线检测装置示意图

目前，水果品质动态在线分选装置已应用于苹果、脐橙、柑橘、猕猴桃、西红柿、柚子、梨、草莓、哈密瓜等水果的在线检测。马广等[1]利用近红外漫透射光谱对翠冠梨品质进行动态在线检测，采用 0.5 m/s 的传输速度获取翠冠梨的漫透射光谱，讨论了不同的数据处理方法对 PLS 模型性能的影响。Miller

---

① 马广，孙通.翠冠梨坚实度可见/近红外光谱在线检测 [J].农业机械学报，2013，44（7）：170-173.

等[①]利用近红外在线检测装置对柑橘糖度进行无损检测,检测速度为5.5个/秒,利用神经网络算法建立颜色和糖度的混合模型得到较好的分析结果。孙通等[②]采用漫透射式的动态在线分选装置对赣南脐橙的可溶性固形物(SSC)进行预测,检测速度为0.3 m/s,结果表明采用CARS-PLS方法结合动态在线装置可得到较好的脐橙内部SSC预测结果。Clark等[③]建立近红外透射在线分选装置,对Braeburn苹果的褐心病进行在线分选研究,结果表明该方法可以有效地去除患有褐心病的苹果。Kim等[④]自行设计了一款针对柑橘成熟度和缺陷的近红外透射式在线检测装置,采用卤钨灯作为光源,成熟度的预测准确率为91%,缺陷的预测准确度为97%。刘燕德等[⑤]为解决水果实时动态测量的需要,自主搭建了近红外动态测量装备对雪青梨糖度和酸度进行测量实验得到了较好的预测结果。

2. 便携式水果品质无损检测装置及应用

基于近红外光谱分析技术的便携式水果品质无损检测装置分为三个模块:光路模块、数据处理模块和采集附件模块。便携式水果糖度无损检测装置可用于水果的糖度、酸度、硬度、病虫害和重量等指标的分析研究。杨帆等[⑥]采用便携式近红外光谱检测仪对112个柑橘进行无损检测,采用加强正交信号校正(EOSC)结合广义回归神经网络的方法建立柑橘酸度的定量分析模型,结果表明使用EOSC法可以使模型有良好的预测能力,同时可以防止对数据造成

① Miller W M, Zude-Sasse M. NIR-based sensing to measure soluble solids content of Florida Citrus[J]. Applied Engineering in Agriculture, 2004, 20 (3): 321-327.

② 孙通, 许文丽, 林金龙, 等. 可见/近红外漫透射光谱结合CARS变量优选预测脐橙可溶性固形物 [J]. 光谱学与光谱分析, 2012, 32 (12): 3229-3233.

③ Clark C J, Mcglone V A, Jordan R B. Detection of Brownheart in "Braeburn" apple by transmission NIR spectroscopy[J].Postharvest Biology and Technology, 2003, 28 (1): 87-96.

④ Kim G Y, Kang S W, Lee K J, et al. Measurement of sugar contents in citrus using near infrared transmittance[C]//Key Engineering Materials, 2004, 270: 1014-1019.

⑤ 刘燕德, 应义斌, 傅霞萍, 等. 一种近红外光谱水果内部品质自动检测系统 [J]. 浙江大学学报, 2006, 40 (1): 53-56.

⑥ 杨帆, 邱晓臻, 郝睿, 等. 基于主成分正交信号校正算法和加强正交信号校正算法对柑橘酸度的检测 [J]. 光谱学与光谱分析, 2012, 32 (7): 1931-1934.

过度的校正。Feng 等[①]使用 FANTECTMFQA-NIRGUN 便携式近红外光谱仪对猕猴桃的干物质（DM）、SSC 和果肉颜色（FH）进行了无损检测，其校正均方根误差分别为 0.60%, 0.90% 和 1.40%。Cayuela 等[②]采用一款商用便携式可见－近红外光谱仪结合 PLS 建模，对油桃的 SSC、硬度、水果重量和果皮颜色等相关指标进行了定量分析。油桃的 SSC、硬度、水果重量和果皮颜色的预测相关系数 R 分别为 0.95, 0.94, 0.91 和 0.81，分析精度较高。Guidetti 等[③]应用便携式可见－近红外光谱仪实验系统结合 PLS 建模，对葡萄样品鲜果和质地均匀的果浆成熟度指标（包括 SSC、可滴定酸度和 pH 值）和多酚成熟度指标（花青素和多酚含量）进行了检测，为葡萄相关品质的快速无损检测提供了一种有效的分析方法。

6.2.3　近红外光谱在鸡蛋品质无损检测中的应用

随着我国蛋鸡养殖的迅速发展，鸡蛋深加工技术的发展与产量严重失衡，蛋品的工业化水平低、分级精度不高，导致鸡蛋出口率低，在国际市场上缺乏竞争力。鸡蛋是一种富含大量蛋白质的食物，而蛋白质是由大量氨基酸通过氨基和羧基形成的肽键连接而成的肽链。这些成分主要是由 O—H、C—H、N—H 等含氢基团构成，而这些基团在近红外区域具有很强的吸收谱带。使用近红外光谱分析技术不仅可以检测出鸡蛋中与这些基团有关的各种成分如哈夫单位、蛋白高度、蛋黄指数、蛋黄高度等，而且可用于分析物质的密度、黏度、蛋壳厚度、硬度及有关样品的电学性质等，从而可对鸡蛋样品定量地描述或对新鲜度进行定性分析。刘燕德等[④]利用 TENSOR 37 傅立叶变换近红外光谱仪采集不同储存时间下鸡蛋的漫透射光谱，对鸡蛋的哈夫单位、蛋白 pH 值、蛋白高度和蛋形指数等品质指标进行分析，结果表明随着储存时间的变化，各参数指

①　Feng J, Meglone A V, et al. Assessment of yellow -fleshed kiwifruit（Actinidia Chinensis "Hort16A"）quality in pre and post-harvest conditions using a portable near -infrared spectrometer [J]. Hort Science, 2011, 46（1）: 57-63.

②　Cayuela J A. Prediction of intact nectarine quality using a Vis/NIR portable spectrometer[J]. Inderscience Publishers, 2011, 2（2）: 131-144.

③　Guidetti R, Beghi R, Bo L. Evaluation of grape quality parameters by a simple Vis/NIR system[J]. Transactions of the Asabe, 2010, 53（53）: 477-484.

④　Liu Y D, Zhou Y R, Peng Y Y. Detection of egg quality by near infrared diffuse reflectance spectroscopy[J]. Optics & Precision Engineering, 2013, 21（1）: 40-45.

标均与储存天数存在较高相关性，蛋白高度随着储存天数的增加逐渐变薄，蛋白 pH 值随着储存天数的增加上升趋势逐渐趋于平衡。李海峰等 [1] 利用可见 / 近红外漫反射光谱技术检测新鲜鸡蛋的 pH 值和蛋白质，结果表明 pH 值在 900 ～ 1 700 nm 波长范围内获得较好的分析模型，蛋白质在 400 ～ 1 000 nm 波长范围内得到较好的分析模型。孙艳文等 [2] 研究了近红外光谱无损检测鸡蛋脂肪含量的方法，在近红外光谱全波段内采集鸡蛋样品的漫反射光谱图，可用于鸡蛋中脂肪含量的无损检测。段宇飞等 [3] 采用微型光纤光谱仪对鸡蛋的哈夫单位（新鲜度）进行分析，分析结果表明，利用局部线性嵌入结合支持向量回归进行非线性建模，能够提高鸡蛋新鲜度的预测能力。

6.2.4 近红外光谱在辣椒品质分析中的应用

辣椒的营养成分丰富，含有大量的辣椒碱、胡萝卜素、辣椒红素、碳水化合物和矿物质等，尤其维生素 C 含量高居各类蔬菜榜首，既可鲜食、调味，也可入药，具有重要的经济价值和食疗保健作用。虽然我国辣椒产量最高，但在国际市场上竞争力却弱，频频遭遇西方国家的"绿色壁垒"而被拒之门外。商品化处理水平低、标准化低、安全性低以及耐贮藏性差是导致该结果的主要原因之一，也是长期以来制约我国辣椒产业化发展的瓶颈问题之一。传统的辣椒质量评定是基于颜色、形状、伤痕及大小等外部特征来判断的，或者是运用破坏性的方法抽样检测其成分，而近红外光谱无损检测是在不破坏样品的情况下对上述内部品质进行评价的方法。该技术不同于传统的化学分析方法，它利用分子选择性地吸收辐射光中某些频率波段的光，产生的吸收光谱，来判定其对应物质的含量，对样品不产生破坏。同时光谱采集所需时间很短，且无须样品预处理，对蔬菜生产过程及产后加工具有相当高的应用价值。近年来大量的国内外学者利用近红外光谱技术对辣椒的 SSC、维生素 C、辣度、农药残留、

---

① 李海峰，房萌萌. 可见 / 近红外光谱技术无损检测新鲜鸡蛋 pH 及蛋白质的研究 [J]. 食品工业科技，2017，38（20）：280-283.

② 孙艳文，尹程程，李志成，等. 鸡蛋脂肪含量近红外光谱无损检测技术研究 [J]. 食品工业，2016（9）：177-180.

③ 段宇飞，王巧华，马美湖，等. 基于 LLE-SVR 的鸡蛋新鲜度可见 / 近红外光谱无损检测方法 [J]. 光谱学与光谱分析，2016，36（4）：981-985.

辣椒掺色素等方面进行了研究。刘燕德等[①]采用近红外光谱分析方法建立鲜辣椒 SSC 和维生素 C 含量的近红外定量分析模型，以 SSC 及维生素 C 含量等指标来反映鲜辣椒品质。覃方丽等[②]采用近红外光谱技术对鲜辣椒中的 SSC 和维生素 C 含量进行检测和可行性探讨，两种组分均得到了较好的分析结果。Sánchez 等[③]研究评估了近红外反射光谱在辣椒农药残留检测的可行性，使用偏最小二乘判别分析（PLS–DA）建立有无杀虫剂的判别模型，模型的验证结果分别为 75% 和 82%（分别为无农药和含杀虫剂的样品）。李沿飞等[④]测定了干辣椒中辣椒碱和二氢辣椒碱的含量，并利用近红外光谱技术对干辣椒的辣度进行了评价。杜一平等[⑤]采用近红外漫反射光谱对辣椒粉中的苏丹红进行快速鉴别及其含量的预测，结果表明采用 MSCPCA 的方法可以方便、快速和准确地区分辣椒粉中有无苏丹红；辣椒粉中的苏丹红含量的 PLS 模型精度较好。

6.2.5　拉曼光谱检测技术的发展前景

拉曼光谱作为一种特殊的检测手段，正逐渐向高精度、便携式方向发展，它在食品质量安全检测方面具有极强的应用潜力和实用价值，但目前大多数拉曼光谱设备仍不完善，需要进一步改进和优化。

（1）食品样品产生的荧光现象对拉曼光谱造成很强的背景干扰，荧光背景往往比拉曼信号强几个数量级，影响光谱分析。为了降低或扣除荧光背景的干扰，通常采取的措施有选择合适的激发波长、对样品进行预处理、光谱曲线拟合、滤波去噪等。

①　Liu Y D, Zhou Y R, Pan Y Y. Determination of soluble solid contents and vitamin C of fresh peppers based on NIR spectrometry and least square support vector machines[J]. Optics & Precision Engineering, 2014, 22（2）: 281–288.

②　覃方丽, 闵顺耕, 石正强, 等. 鲜辣椒中糖分和维生素 C 含量的近红外光谱非破坏性测定 [J]. 分析试验室, 2003, 22（4）: 59–61.

③　Sunchez M T, Floresrojas K, Guerrero J E, et al. Measurement of pesticide residues in peppers by near–infrared reflectance spectroscopy[J]. Pest Management Science, 2010, 66（6）: 580–586.

④　李沿飞, 胡羽, 屠大伟, 等. 近红外光谱技术快速无损测定干辣椒的辣度 [J]. 食品科技, 2013（1）: 314–318.

⑤　杜一平, 向春兰, 黄子夏, 等. 辣椒粉掺杂苏丹红的近红外光谱鉴别及其含量测定方法研究 [J]. 计算机与应用化学, 2013, 30（1）: 36–38.

（2）激光照射时间过长导致样品灼烧、变性等，可以使用耐高温的测样附件和适当降低样品照射时间来避免热效应的产生。

（3）对于不同食品的质量安全检测，其精确的拉曼图谱资料非常缺乏，急需建立可靠的拉曼标准谱图数据库。

（4）目前拉曼光谱检测指标和检测方式单一，多以实验室研究为主。在实际应用中，光束无法穿透非透明的包装薄膜；易受食品温度、检测部位及环境等因素影响。在多指标实时、动态在线检测和具体补偿算法等方面需要深入研究。

（5）我国对拉曼仪器硬件和软件的设计经验不足。拉曼光谱检测设备依赖进口，制约着低成本、高精度、便携式拉曼光谱仪的推广应用。利用拉曼光谱设备进行食品质量安全检测目前尚处于研究阶段及初期应用阶段，今后要吸取国外拉曼光谱仪的设计经验，立足国内技术和资源，开发出实用性强、价格低廉的便携式拉曼光谱仪，以投入实际生产应用中。

目前，运用拉曼光谱技术检测待测物质含量，主要有三个因素制约检测的精确性和稳定性。

（1）仅依据拉曼峰的拉曼位移波数对待测物质进行定性的种类识别，再依据峰值大小对待测物质进行定量预测，这种方法通常预测精度不高，达不到检测限要求。因此，为了突破仅凭峰值大小这个单一值的局限性，需要提取并确立多个独立相关光学特征值，以提高预测精度。

（2）检测往往局限于样品表面的某个局部区域，不能有效检测样品内部、样品全部，导致样品有效信息缺失，检测准确度降低。因此，可采用空间偏移方法，获取样品内部信息，以提高检测的准确度。

（3）一般被测样品的拉曼光谱是在某个局部检测点通过散射方式直接获取的。由于样品的非均匀性和检测区域的局限性，这会导致预测结果不稳定。因此，需要拓宽样品的检测区域，在较大范围采集拉曼光谱信息，获得更有效的拉曼光谱特征，以提高预测精确性和稳定性、降低检出限值。

另外，用于食用食品检测的商用拉曼光谱仪器，其用途具有局限性。

（1）关于样品要求，主要用于经过前处理后的生化属性均布的样品。

（2）关于测试点数，通常只能采集固定测试位置的有限个样品点数，不能获取样品任意选择位置的信息。

（3）关于测试范围，对样品的大小和体积等有特定要求。

（4）关于样品内部信息，只能得到样品的表层信息，不能得到样品内部有效信息。因此，对于实际大小的、质地不均匀的固态食品，利用现有的商用光谱仪器有时无法有效进行拉曼光谱信息的采集、品质实时检测，必须研发实用的拉曼光谱检测及装备系统。

参考文献

[1] 李永玉，彭彦昆，孙云云，等．拉曼光谱技术检测苹果表面残留的敌百虫农药 [J]. 食品安全质量检测学报，2012，3（6）：672-675.

[2] 刘燕德，靳昙昙．拉曼光谱技术在食品质量安全检测中的应用 [J]. 光谱学与光谱分析，2015，35（9）：2567-2572.

[3] 王海阳，刘燕德，张宇翔．表面增强拉曼光谱检测脐橙果皮混合农药残留 [J]. 农业工程学报，2017，33（2）：291-296.

[4] 何振磊．用于兽药掺假检测的拉曼光谱仪光学系统设计 [D]. 中国科学院研究生院论文，2015.

[5] 翟晨，彭彦昆，李永玉，等．基于拉曼光谱的苹果中农药残留种类识别及浓度预测的研究 [J]. 光谱学与光谱分析，2015，35（8）：2180-2185.

[6] 刘涛．水果表面农药残留快速检测方法及模型研究 [D]. 华东交通大学论文，2011.

[7] 陈倩，李沛军，孔保华．拉曼光谱技术在肉品科学研究中的应用 [J]. 食品科学，2012，33（15）：307-313.

[8] 安岩．手持式拉曼光谱仪的光机系统技术研究 [D]. 中国科学院大学论文，2014.

[9] 刘兵，于凡菊，孙强，等．手持式拉曼光谱仪探头系统的杂光抑制新方法 [J]. 中国激光，2014，41（1）：219-226.

[10] 高延甲，尹利辉，焦建东，等．便携式拉曼光谱仪无损测定玻璃瓶装液体制剂的影响因素探讨 [J]. 药物分析杂志，2017，37（2）：358-361.

[11] 黄秀丽，詹云丽，李菁，等．便携式激光拉曼光谱仪快速鉴别灵芝孢子油掺伪 [J]. 食品工业科技，2016，37（20）：59-62，67.

[12] 丛庆，李福芬，李扬，等．用傅立叶变换红外光谱法检测气体中微量氟化氢 [J]. 低温与特气，2018，36（5）：38-41.

[13] 吴宪. 近红外光谱技术在食用植物油脂检测中的实践研究 [J]. 粮食科技与经济，2019，44（1）：34-37.

[14] 于云华，李浩光，沈学锋，等. 基于深度信念网络的多品种玉米单倍体定性鉴别方法研究 [J]. 光谱学与光谱分析，2019，39（3）：905-909.

[15] 王丹丹. 基于微型光纤光谱仪的宝石鉴别研究 [D]. 河北大学论文，2013.

[16] 李亚凯. 双通道傅立叶变换红外光谱快速复原方法研究与实现 [D]. 中国科学技术大学论文，2017.

[17] 王宇恒，胡文雁，宋鹏飞，等. 不同傅立叶近红外仪器间（积分球漫反射测量）的模型传递及误差分析 [J]. 光谱学与光谱分析，2019，39（3）：964-968.

[18] 陈华舟，潘涛，陈洁梅. 多元散射校正与 Savitzky-Golay 平滑模式的组合优选应用于土壤有机质的近红外光谱分析 [J]. 计算机与应用化学，2011，28（5）：518-522.

[19] Geladi P，MacDougall D，Martens H. Linearization and Scatter-Correction for NIR Reflectance Spectra of Meat.Applied Spectroscopy，1985，39（3）：491-500

[20] 赵强，张工力，陈星旦. 多元散射校正对近红外光谱分析定标模型的影响. 光学精密工程，2005，13（1）：53-58.

[21] 章海亮，罗微，刘雪梅，等. 应用遗传算法结合连续投影算法近红外光谱检测土壤有机质研究 [J]. 光谱学与光谱分析，2017，37（2）：584-587.

[22] 陈媛媛，王志斌，王召巴. 一种基于蝙蝠算法的新型小波红外光谱去噪方法 [J]. 红外，2014，35（6）：30-35.

[23] 吴迪，吴洪喜，蔡景波，等. 基于无信息变量消除法和连续投影算法的可见 - 近红外光谱技术白虾种分类方法研究 [J]. 红外与毫米波学报，2009，28（6）：423-427.

[24] 李倩倩，田旷达，李祖红，等. 无信息变量消除法变量筛选优化烟草中总氮和总糖的定量模型 [J]. 分析化学，2013，41（6）：917-921.

[25] 王泽涛. 基于偏最小二乘回归法的煤中硫含量近红外检测 [D]. 华北电力大学，2017.

[26] Fassott G，Henseler J，Coelho P S. Testing moderating effects in PLS path models with composite variables[J].Industrial Management &Data Systems，2016，116（9）：1887-1900.

[27] Chantry G W, Gebbie H A, Helsum C. Fourier transform Raman spectroscopy of thin films[J]. Nature, 1964, 203: 1052.

[28] Hirschfeld T, Chase B. FT-Raman spectroscopy: development and justification[J]. Appl Spectrosc, 1986, 40（2）: 133.

[29] 闻再庆. 傅立叶变换拉曼光谱及其在化学中的应用 [J]. 化学通报, 1990（1）: 45-47.

[30] Fleischmann M, Hendra P J, McQuillan A J. Raman spectra of pyridine adsorbed at a silver electrode [J]. Chemical Physics Letters, 1974, 26（2）: 163-166.

[31] Thompson W J. Numerous neat algorithms for the Voigt profile function[J]. Computers in Physics, 1993, 7（6）: 627-627.

[32] Newsam J M, Deem M W, Freeman C M. Accuracy in powder diffraction[J]. NIST Special Publication, 1992, 846: 80-91.

[33] Alsmeyer F, Kola H J, Marquardt W. Indirect spectral hard modeling for the analysis of reactive and interacting mixtures[J]. Applied Spectroscopy, 2004, 58（8）: 975-985.

[34] Baeten V, Aparicio R. Posibilidades de las tecnicas espectroscopicas infrarroja y Raman para la autentificacion del aceite de oliva virgen[J]. Olivae Revista Oficial Del Consejo Oleicola Internacional, 1997: 38-43.

[35] Marigheto N A, Kemsley E K, Defemez M, et al. A comparison of mid-infrared and Raman spectroscopies for the authentication of edible oils[J]. Journal of the American Oil Chemists Society, 1998, 75（8）: 987-992.

[36] Yang H, Irudayaraj J. Comparison of near-infrared, Fourier transform-infrared, and Fourier transform-Raman methods for determining olive pomace oil adulteration in extra virgin olive oil[J]. Journal of the American Oil Chemists Society, 2001, 78（9）: 889-895.

[37] 黎远鹏. 基于拉曼光谱法的食用油定性鉴别与掺伪含量检测研究 [D]. 暨南大学论文, 2016.

[38] 邓平建, 梁裕, 杨冬燕, 等. 基于拉曼光谱聚类分析快速鉴别掺伪油茶籽油 [J]. 中国粮油学报, 2016, 31（4）: 72-75.

[39] 王红, 付晓华, 王利军, 等. 应用激光拉曼光谱法检查核桃油的掺假 [J]. 理化检验（化学分册）, 2014, 50（1）: 23-26.

[40] 靳昙昙．食用植物油质量指标拉曼光谱快速检测方法研究 [D]．华东交通大学论文，2016．

[41] Guzmán E，Baeten V，Piema J A F，et al. Application of low-resolution Raman spectroscopy for the analysis of oxidized olive oil[J]. Food Control，2011，22（12）：2036-2040.

[42] 董海胜，臧鹏，李云鹏，等．激光拉曼光谱结合偏最小二乘法快速测定植物油碘值 [J]．光电子激光，2013（7）：1370-1374.

[43] 房晓倩，彭彦昆，李永玉，等．基于表面增强拉曼光谱快速定量检测碳酸饮料中苯甲酸钠的方法 [J]．光学学报，2017，（9）：331-336.

[44] 杨宇，翟晨，彭彦昆，等．基于表面增强拉曼的饮料中山梨酸钾快速定量检测方法 [J]．光谱学与光谱分析，2017，37（11）：3460-3464.

[45] 彭军，梁敏华，冯锦澎．常见饮料中咖啡因的拉曼光谱定性检测 [J]．大学物理实验，2011，24（3）：29-31.

[46] 房若宇．激光拉曼光谱结合紫外光谱检测茶水中的咖啡因 [J]．大学物理实验，2013，26（2）：13-15.

[47] 陈蓓蓓，陆洋，马宁，等．表面增强拉曼光谱技术在食品安全快速检测中的应用[J]．贵州科学，2012，30（6）：24-29.

[48] 陈小曼，陈漾，李攻科，等．表面增强拉曼光谱法测定饮料中 4- 甲基咪唑和 2- 甲基咪唑[J]．分析化学，2016，44（5）：816-821.

[49] 林爽，哈斯乌力吉，林翔，等．应用 SERS 滤纸基底检测饮料中违禁色素的研究[J]．光谱学与光谱分析，2016，36（6）：1749-1754.

[50] 余慧，谢云飞，姚卫蓉．整体柱用于表面增强拉曼光谱检测茶饮料中的违禁添加色素 [C]．全国光散射学术会议，2013.

[51] 邵勇，陈勇，郑艳，等．表面增强拉曼散射法快速检测饮料中碱性嫩黄 [J]．食品与发酵工业，2015，41（10）：160-163.

[52] 王继芬，余静，孙兴龙，等．毒品及其常见添加成分的拉曼光谱快速分析 [J]．光散射学报，2012，24（3）：312-315.

[53] 张金萍．拉曼光谱法在甲基苯丙胺检测中的应用 [D]．华东师范大学论文，2011.

[54] 孙旭东，董小玲．蜂蜜中乐果农药残留的表面增强拉曼光谱定量分析 [J]．光谱学与光谱分析，2015，35（6）：1572-1576.

[55] 李张升，姚志湘，粟晖，等.采用拉曼光谱无损测定紫苏油中 α–亚麻酸 [J].食品科技，2015，（10）：275–278.

[56] Bernuy B，Meurens M，Mignolet E，et al. Determination by Fourier transform Raman spectroscopy of conjugated linoleic acid in I2–photoisomerized soybean oil[J]. Journal of Agricultural & Food Chemistry，2009，57（15）：6524–6527.

[57] Durakli V S，Temiz H T，Ercioglu E，et al. Use of Raman spectroscopy for determining erucic acid content in canola oil[J]. Food Chemistry，2017，221：87–90.

[58] Muik B，Lendl B，Molina–Diaz A，et al. Direct monitoring of lipid oxidation in edible oils by Fourier transform Raman spectroscopy [J]. Chemistry & Physics of Lipids，2005，134（2）：173–182.

[59] 董晶晶，吴静珠，陈岩，等.激光共聚焦显微拉曼快速测定食用调和油脂肪酸 [J].影像科学与光化学，2017，35（2）：147–152.

[60] 陈永坚，陈荣，李永增，等.茶氨酸拉曼光谱分析 [J].光谱学与光谱分析，2011，31（11）：2961–2964.

[61] 陈达，黄志轩，韩汐，等.奶粉掺假拉曼光谱成像检测新方法 [J].纳米技术与精密工程，2017，15（1）：26–30.

[62] 张正勇，沙敏，刘军，等.基于高通量拉曼光谱的奶粉鉴别技术研究 [J].中国乳品工业，2017，45（6）：49–51.

[63] 王海燕，宋超，刘军，等.基于拉曼光谱 – 模式识别方法对奶粉进行真伪鉴别和掺伪分析.光谱学与光谱分析，2017，37（1）：124–128.

[64] 姚杰，杨倩，孙彩云，等.红外光谱法定性分析假酒中的甲醇 [J].光谱实验室，2000，17（1）：35–37.

[65] 谭琨，叶元元，杜培军.基于支持向量机的假酒近红外光谱识别分类研究 [J].光子学报，2013，42（1）：69–73.

[66] 谭红琳，李智东.乙醇、甲醇、食用酒及工业酒精的拉曼光谱测定 [J].云南工业大学学报，1999，（2）：1–3.

[67] 贾廷见.真假茅台酒在银胶上的 SERS 光谱分析 [J].商丘职业技术学院学报，2012，11（2）：65–67.

[68] Geana E I，Popescu R，Costinel D，et al. Verifying the red wines adulteration

through isotopic and chromatographic investigations coupled with multivariate statistic interpretation of the data[J]. Food Control，2016，62：1-9.

[69] Oroian M，Ropciuc S. Botanical authentication of honeys based on Raman spectra[J]. Journal of Food Measurement & Characterization，2018，12（1）：545-554.

[70] 杨娟 . 基于多种光谱技术的蜂蜜和蜂胶品种鉴别研究 [D]. 中国农业科学院论文，2016.

[71] Li S，Shan Y，Zhu X，et al. Detection of honey adulteration by high fructose com syrup and maltose syrap using Raman spectroscopy [J]. Journal of Food Composition & Analysis，2012，28（1）：69-74.

[72] 李庆波，于超，张倩暄 . 基于净信号的乙醇含量拉曼光谱分析方法研究 [J]. 光谱学与光谱分析，2013，33（2）：390-394.

[73] Martin C，Bruneel J L，Castet F，et al. Spectroscopic and theoretical investigations of phenolic acids in white wines[J]. Food Chemistry，2017，221：568-575.

[74] 吕慧英，李高阳，范伟，等 . 采用便携式拉曼光谱仪测定白酒中乙醇含量 [J]. 食品科学，2013，34（24）：107-109.

[75] 孙兰君，张延超，任秀云，等 . 拉曼光谱定量分析乙醇含量的非线性回归方法研究 [J]. 光谱学与光谱分析，2016，36（6）：1771-1774.

[76] Martin C，Bruneel J L，Guyon F，et al. Raman spectroscopy of white wines[J]. Food Chemistry，2015，181：235-240.

[77] Frausto Reyes C，Medina-Gutierrez C，Sato-Berru R，et al. Qualitative study of ethanol content in tequilas by Raman spectroscopy and principal component analysis[J]. Spectrochimica Acta Part A：Molecular and Biomolecular Spectroscopy，2005，61（11）：2657-2662.

[78] Magdas D A，Guyon F，Feher I，et al. Wine discrimination based on chemometric analysis of untargeted markers using FT-Raman spectroscopy [J]. Food Control，2017，85：385-391.

[79] 王维琴，汪丽，于海燕 . 基于拉曼光谱和支持向量机的黄酒品质快速分析 [J]. 现代食品科技，2015（3）：255-259.

[80] 吴正宗 . 拉曼光谱分析技术在黄酒质量监控中的应用研究 [D]. 江南大学论文，2017.

[81] 王涛，裴正军，张卫正，等.基于拉曼光谱技术的枇杷果实 β–胡萝卜素含量无损测定研究 [J]. 光谱学与光谱分析，2016，36（11）：3572–3577.

[82] Muik B，Bernhard L，Antonio M D，et al. Two–dimensional correlation spectroscopy and multivariate curve resolution for the study of lipid oxidation in edible oils monitored by FTIR and FT–Raman spectroscopy [J]. Analytica Chimica Acta，2007，593（1）：54–67.

[83] Krahmer A，Bottcher C，Rode A，et al. Quantifying biochemical quality parameters in carrots （Dancus carota L.）– FT–Raman spectroscopy as efficient tool for rapid metabolite profiling[J]. Food Chemistry，2016，212：495–502.

[84] Mohd Ali M，Hashim N，Bejo S K，et al. Rapid and nondestructive techniques for internal and external quality evaluation of watermelons：a review[J]. Scientia Horticulturae，2017，225：689–699.

[85] L ó pez–S á nchez M，Ayora–Canada M J，Molina–Diaz A. Olive fruit growth and ripening as seen by vibrational spectroscopy [J]. Journal of Agricultural and Food Chemistry，2010，58（1）：82–87.

[86] 刘燕德，谢庆华，王海阳，等.不同成熟度双孢菇硬度的拉曼光谱无损检测 [J]. 发光学报，2016，37（9）：1135–1141.

[87] Okazaki S，Hiramatsu M，Gonmori K，et al. Rapid nondestructive screening for melamine in dried milk by Raman spectroscopy [J]. Forensic Toxicology，2009，27（2）：94–97.

[88] 雷皓宇，陈小曼，李攻科，等.表面增强拉曼光谱法同时检测奶粉中三聚氰胺和二聚氰胺 [J]. 分析科学学报，2017，33（3）：312–316.

[89] 杨青青.表面增强拉曼光谱法在硫氰酸盐、三聚氰胺和亚硝酸盐测定中的应用[D]. 吉林大学论文，2016.

[90] 刘宸，杨桂燕，王庆艳，等.基于线扫描拉曼高光谱系统的奶粉中硫氰酸钠无损检测研究 [J]. 食品科学，2018，（12）：1–7.

[91] 赵亚华.葡萄酒中八种添加剂的检测结果分析[J].安徽预防医学杂志,2002,（2）：79–81.

[92] 杨昌彪，宋光林，包娜，等.近红外光谱与表面增强拉曼光谱对红酒中非法添加剂苋菜红的分析研究 [J]. 食品科技，2014，（6）：294–298.

[93] 陈思，郭平，骆鹏杰，等.拉曼光谱法快速检测硬糖中的诱惑红 [J].食品与机械，2016，（4）：76-79.

[94] 顾振华，赵宇翔，吴卫平，等.表面增强拉曼光谱法快速检测水产品中的孔雀石绿 [J].化学世界，2011，52（1）：14-16.

[95] 余婉松.基于金属溶胶表面增强拉曼光谱技术检测饲料及水产品中呋喃唑酮和孔雀石绿的研究 [D].上海海洋大学论文，2015.

[96] 林翔.SERS 基底的制备及其用于食品中污染物的快速检测 [D].哈尔滨工业大学论文，2016.

[97] 李春颖，赖克强，张源园，等.表面增强拉曼光谱检测鱼肉中禁用和限用药物研究 [J].化学学报，2013，71（2）：86-91.

[98] 李晓丽，周瑞清，孙婵骏，等.基于共聚焦拉曼光谱技术检测茶叶中非法添加美术绿的研究 [J].光谱学与光谱分析，2017，37（2）：461-466.

[99] Huang F，Li Y，Guo H，et al. Identification of waste cooking oil and vegetable oil via Raman spectroscopy [J]. Journal of Raman Spectroscopy，2016，47（7）：860-864.

[100]He L，Rodda T，Haynes C L，et al. Detection of a foreign protein in milk using surface-enhanced Raman spectroscopy coupled with antibody-modified silver dendrites[J]. Analytical Chemistry，2011，83（5）：1510-1513.

[101]El-Abassy R M，Eeravuchira P J，Donfack P，et al. Direct determination of unsaturation level of milk fat using Raman spectroscopy [J]. Applied Spectroscopy，2012，66（5）：538-544.

[102]罗洁，王宇涵，李奕琦，等.拉曼光谱法测定天然脂肪球脂质成分 [J].光谱学与光谱分析，2015，35（12）：3555-3559.

[103]郑玲，赵燕平，冯亚东.不同产地和陈化年限普洱茶的表面增强拉曼光谱鉴别分析研究 [J].光谱学与光谱分析，2013，33（6）：1575-1580.

[104]刘翠玲，隋淑霞，孙晓荣，等.近红外光谱技术用于菠菜中毒死蜱残留的定量分析研究 [J].食品科学，2008，29（7）：356-358.

[105]胡宝鑫，魏思宇，胡晓宇，等.表面增强拉曼光谱对水中重金属汞离子的检测 [J].广州化工，2016，44（18）：154-156.

[106]Zeng Y，Wang L H，Zeng L W，et al.A label free SERS probe for highly sensitive

detection of Hg2+ based on functionalized Au@Ag nanoparticles [J]. Talanta，2017，162：374-379.

[107]Dasary S S R，Jones Y K，Barnes S L，et al.Alizarin dye based ultrasensitive plasmonic SERS probe for trace level cadmium detection in drinking water[J]. Sensors and Actuators B：Chemical，2016，224：65-72.

[108]Lv B，Sun Z L，Zhang J F，et al.Munltifunctional satellite Fe3O4-Au@TiO2 nano-structure for SERS detection and photo-reduction of Cr(Ⅵ)[J]. Colloids and Surfaces A：Phycicochemical and Endineering Aspects，2017，513：234-240.

[109]Ai Y J，Liang P，Wu Y X，et al.Rapid qualitative and quantitative determination of food colorants by both Raman spectra Surface-enhanced Raman Scattering（SERS ）[J]. Food Chemistry，2018，241：427-433.

[110]Yao W R，Sun Y Y，Xie Y F，et al.Development and evaluation of a surface-enhanced Raman scattering（SERS ）method for the detection of the antioxidant butylated hydroxyanisole[J]. European Food Researchand Technology，2011，233(5)：835-840.

[111]Sun Y Y，Xie Y F，Wang H Y，et al.Adsorption of 2，6-di-t-butyl-p-hydroxytoluene （BHT）on gold nanoparticles；Assignment and interpretation of surface-enhanced Raman scattering[J]. Applied Surface Science，2012，261：431-435.

[112]Mang J J，Hassan M M，Ahmad W，et al.Ahighly structured hollow ZnO@Ag nanosphere SERS substrate for sensing traces of nitrate and nitrite species in pickled food[J]. Sensors and Actuators B：Chemical，2019，285：302-309.

[113]黄亚伟，张令，王若兰，等. 表面增强拉曼光谱在食品非法添加物检测中的应用进展 [J]. 粮食与饲料工业，2014（9）：24-27.

[114]Creedon N C，Lovera P，Furey A，et al.Transparent polymer-based SERS substrate templated by a soda can[J]. Sensors and Actuators B：Chemical，2018，259：64-74.

[115]Yu S H，Liu Z G，Wang W X，et al.Disperse magnetic solid phase microextraction and surface enhanced Raman scattering （Dis-MSPME-SERS ）for the rapid detection of trace illegally chemical[J]. Talanta，2018，178：498-506.

[116]Zhang Q，Wang X D，Tian T，et al.Incorporation of multilayered silver nanoparticles into polymer brushes as 3-dimensional SERS substrates and their application for bacteria detection[J]. Appiled Surface Science，2017，407：185-191.

[117]Bozkurt A G, Buyukgoz G G, Soforoglu M, et al.Alkaline phosphatase labeled SERS active sandwich immunoassay for detection of Escherchia coli[J]. Spectrochimica Acta Part A: Molecular and Biomolecular Spectroscopy, 2018, 194: 8-13.

[118]Liao W L, Lin Q Y, Xie S C, et al.A novel strategy for rapid detection of bacteria in water by the combination of three-dimensional surface-enhanced Raman scattering (3D SERS) and laser induced breakdown spectroscopy (LIBS) [J]. Analytica Chimica Acta, 2018, 1043: 64-71.

[119]马广, 孙通. 翠冠梨坚实度可见/近红外光谱在线检测[J]. 农业机械学报, 2013, 44 (7): 170-173.

[120]Miller W M, Zude-Sasse M. NIR-based sensing to measure soluble solids content of Florida Citrus[J]. Applied Engineering in Agriculture, 2004, 20 (3): 321-327.

[121]孙通, 许文丽, 林金龙, 等. 可见/近红外漫透射光谱结合 CARS 变量优选预测脐橙可溶性固形物[J]. 光谱学与光谱分析, 2012, 32 (12): 3229-3233.

[122]Clark C J, Mcglone V A, Jordan R B. Detection of Brownheart in "Braeburn" apple by transmission NIR spectroscopy[J].Postharvest Biology and Technology, 2003, 28(1): 87-96.

[123]Kim G Y, Kang S W, Lee K J, et al. Measurement of sugar contents in citrus using near infrared transmittance[C]//Key Engineering Materials, 2004, 270: 1014-1019.

[124]刘燕德, 应义斌, 傅霞萍, 等. 一种近红外光谱水果内部品质自动检测系统[J]. 浙江大学学报, 2006, 40 (1): 53-56.

[125]杨帆, 邱晓臻, 郝睿, 等. 基于主成分正交信号校正算法和加强正交信号校正算法对柑橘酸度的检测[J]. 光谱学与光谱分析, 2012, 32 (7): 1931-1934.

[126]Feng J, Meglone A V, et al. Assessment of yellow -fleshed kiwifruit (Actinidia Chinensis "Hort16A") quality in pre and post-harvest conditions using a portable near -infrared spectrometer [J]. Hort Science, 2011, 46 (1): 57-63.

[127]Cayuela J A. Prediction of intact nectarine quality using a Vis/NIR portable spectrometer[J]. Inderscience Publishers, 2011, 2 (2): 131-144.

[128]Guidetti R, Beghi R, Bo L. Evaluation of grape quality parameters by a simple Vis/NIR system[J]. Transactions of the Asabe, 2010, 53 (53): 477-484.

[129]Liu Y D, Zhou Y R, Peng Y Y. Detection of egg quality by near infrared diffuse reflectance spectroscopy[J]. Optics & Precision Engineering, 2013, 21 (1): 40-45.

[130]李海峰, 房萌萌. 可见/近红外光谱技术无损检测新鲜鸡蛋pH及蛋白质的研究[J]. 食品工业科技, 2017, 38（20）: 280-283.

[131]孙艳文, 尹程程, 李志成, 等. 鸡蛋脂肪含量近红外光谱无损检测技术研究[J]. 食品工业, 2016（9）: 177-180.

[132]段宇飞, 王巧华, 马美湖, 等. 基于LLE-SVR的鸡蛋新鲜度可见/近红外光谱无损检测方法[J]. 光谱学与光谱分析, 2016, 36（4）: 981-985.

[133]Liu Y D, Zhou Y R, Pan Y Y. Determination of soluble solid contents and vitamin C of fresh peppers based on NIR spectrometry and least square support vector machines[J]. Optics & Precision Engineering, 2014, 22（2）: 281-288.

[134]覃方丽, 闵顺耕, 石正强, 等. 鲜辣椒中糖分和维生素C含量的近红外光谱非破坏性测定[J]. 分析试验室, 2003, 22（4）: 59-61.

[135]Sunchez M T, Floresrojas K, Guerrero J E, et al. Measurement of pesticide residues in peppers by near-infrared reflectance spectroscopy[J]. Pest Management Science, 2010, 66（6）: 580-586.

[136]李沿飞, 胡羽, 屠大伟, 等. 近红外光谱技术快速无损测定干辣椒的辣度[J]. 食品科技, 2013（1）: 314-318.

[137]杜一平, 向春兰, 黄子夏, 等. 辣椒粉掺杂苏丹红的近红外光谱鉴别及其含量测定方法研究[J]. 计算机与应用化学, 2013, 30（1）: 36-38.

[138]严衍禄, 陈斌, 朱大洲, 等. 近红外光谱分析的原理、技术与应用[M]. 北京: 中国轻工业出版社, 2013.

[139]陈兰珍, 叶志华, 赵静. 蜂蜜近红外光谱检测技术[M]. 北京: 中国轻工业出版社, 2012.

[140]任东, 瞿芳芳, 陆安祥. 近红外光谱分析技术与应用[M]. 北京: 科学出版社, 2017.

[141]中国仪器仪表学会组. 近红外光谱分析技术实用手册[M]. 北京: 机械工业出版社, 2016.

[142]刘翠玲, 吴静珠, 孙晓荣. 近红外光谱技术在食品品质检测方法中的研究[M]. 北京: 机械工业出版社, 2016.

[143]彭彦昆. 食用农产品品质拉曼光谱无损快速检测技术[M]. 北京: 科学出版社, 2019.